鋼・コンクリート機械的ずれ止め構造設計指針

AIJ Recommendations for Structural Design of
Steel-concrete Shear Connections

2022 制定

日本建築学会

序

合成構造は，種々の材料を合理的に組み合わせ，優れた構造部材を形成することや，数種類の構造部材・システムを適材適所に用いる構造形式である．異種材料や異種の構造部材・システムを接合して構造物を構築する合成構造において，接合部は重要な構造要素である．鋼とコンクリートの接合要素の内，接合部での応力の伝達を確実に行うため，鋼とコンクリートの接触界面に，ずれを拘束する機械的ずれ止めが用いられている．機械的ずれ止めは，鋼とコンクリートの接触面に作用するずれ止めを介してコンクリートに支圧力として伝達するものである．建築分野の機械的ずれ止めとして，頭付きスタッドが合成梁，鋼構造の柱脚部，および鉄骨部とRC部の切替え部等に適用されている．このように，建築分野における機械的ずれ止めは，頭付きスタッドが多用されているが，合成構造の多様化傾向を鑑みると，頭付きスタッドのみでなく，土木分野で適用されている高耐力・高剛性の孔あき鋼板ジベルも，今後，取り入れていく必要があると考えられる．

そこで，構造委員会・鋼コンクリート合成構造運営委員会では，建築分野の接合部形式に即した機械的ずれ止めの耐力評価法の構築を目指し，頭付きスタッドおよび孔あき鋼板ジベルの機械的ずれ止めについて，最新の研究成果を踏まえ，構造設計法を検討し，『鋼・コンクリート機械的ずれ止め構造設計指針』を刊行することになった．

本指針の対象とする機械的ずれ止めは，建築分野で一般化している柔なずれ止めの頭付きスタッド，および土木分野で多用され，建築分野でも今後適用が期待される剛なずれ止めの孔あき鋼板ジベルの二種類とする．指針の構成は，以下の4章から構成されている．「1章　総則」は，機械的ずれ止めの構造設計の共通事項について記載されている．「2章　材料」は，機械的ずれ止めに関する材料についての記述である．「3章　頭付きスタッド」および「4章　孔あき鋼板ジベル」では，終局耐力および許容耐力に関して提示し，多数本の頭付きスタッド配置，複数孔のジベル鋼板の並列配置等，種々なディテールでの耐力評価式を提示している．「許容耐力設計」では，剛柔のすべり止めの荷重－変形関係，現象等を考慮してそれぞれの許容耐力を検討している．

本書が，多種多様化している合成構造の構築において，合成構造の特長を活かした建物への適用や新合成構造システムの開発に資することを期待する．

2022年2月

日本建築学会

本書作成関係委員

（五十音順・敬称略）

構造委員会

委員長	五十田　博			
幹　事	楠　浩一	永野正行	山田　哲	
委　員	（略）			

鋼コンクリート合成構造運営委員会（2021 年 3 月）

主　査	堺　純一			
幹　事	北野敦則	蜷川利彦	福元敏之	
委　員	太田義弘	岡崎太一郎	荻野雅士	金本清臣
	北岡　聡	城戸將江	倉本　洋	貞末和史
	島田侑子	鈴木英之	田中照久	津田惠吾
	土井希祐	時野谷浩良	藤永　隆	藤本利昭
	松井智哉	松本幸大	宮内靖昌	渡辺征晃

鋼・コンクリート機械的ずれ止め小委員会

主　査	福元敏之		
幹　事	城戸將江	馬場　望	
委　員	島田侑子	鈴木英之	田中照久

原案執筆担当

1章	1.1	福元敏之		
	1.2	福元敏之		
	1.3	馬場　望		
2章	2.1	鈴木英之		
	2.2	鈴木英之		
	2.3	鈴木英之		
3章	3.1	城戸將江	島田侑子	
	3.2	島田侑子	馬場　望	
	3.3	鈴木英之		
	3.4	城戸將江	鈴木英之	
4章	4.1	福元敏之		
	4.2	福元敏之	田中照久	馬場　望
	4.3	田中照久	馬場　望	福元敏之
	4.4	田中照久	馬場　望	福元敏之
付録1		鈴木英之	馬場　望	
付録2		馬場　望		

鋼・コンクリート機械的ずれ止め構造設計指針

目　　次

鋼・コンクリート機械的ずれ止め
構造設計指針

鋼・コンクリート機械的ずれ止め構造設計指針

1章　総　　則

1.1　適　　用

本指針は，鋼とコンクリートの接触面のずれを機械的に拘束することによって，両者間のせん断力を伝達する機械的ずれ止めのうち，頭付きスタッドおよび孔あき鋼板ジベルを対象に，終局耐力および許容耐力による接合部の耐力計算に適用する．ただし，特別の調査研究に基づき計算される場合，本指針を適用しなくてもよい．

1.2　構造設計の基本

（1）　終局耐力設計では，機械的ずれ止めの終局耐力によって，ずれ止めが設置されている構造部材が終局状態に至らないように，機械的ずれ止めの耐力は，構造部材の耐力を十分に上回るように設計する．

（2）　機械的ずれ止めの許容耐力は，作用する荷重に応じて長期許容耐力と短期許容耐力を設定する．

（3）　機械的ずれ止め接合部において，頭付きスタッドと孔あき鋼板ジベルの混合適用は行わない．

（4）　本指針は，機械的ずれ止めに作用するせん断力を対象としたものであり，機械的ずれ止めの耐力に影響するずれ止め周囲の鉄筋コンクリート部分において，部材応力等その他の応力が大きく，機械的ずれ止めのせん断耐力に影響されると考えられる場合は，適用範囲外とする．機械的ずれ止め周辺のコンクリートは，十分な耐力を発揮させるため，応力状態を考慮して，鉄筋等で拘束を施すとともに，確実に充填する．

1.3　用語の定義と記号

1.3.1　用　　語

接合部　：異種の部材や材料の接合要素の総称（本指針では，鋼とコンクリートによって構成される部分を対象）

機械的ずれ止め　：鋼とコンクリートの接触面のずれを拘束してせん断力を伝達するための接合要素

多数回繰返し荷重　：疲労強度に影響する繰返し荷重

衝撃荷重　：衝突による荷重

頭付きスタッド　：頭付きの短い鋼棒で，JIS B 1198 に規定される機械的ずれ止め

孔あき鋼板ジベル	：円孔（ジベル孔という）を有する鋼帯板（ジベル鋼板という）を母材に溶接して，円孔に充填されたコンクリートのせん断抵抗に期待する機械的ずれ止め〔解図 1.1.2(b)等参照〕
コンクリートスラブ	：板状のコンクリートのことで，ここでは主に床スラブのことを指す
コンクリートかぶり部	：ジベル鋼板の上端からコンクリート表面までの鉄筋コンクリート部分
母材	：頭付きスタッドあるいは孔あき鋼板ジベルが溶接される鋼材
へりあき	：頭付きスタッドの中心からせん断力の作用方向と直交する方向のコンクリートの縁端までの最小距離〔図 3.4.1 参照〕
はしあき	：頭付きスタッドの中心からせん断力の作用方向のコンクリートの縁端までの最小距離〔図 3.4.1 参照〕
貫通鉄筋	：ジベル孔を貫通して配置される鉄筋
横鉄筋	：孔あき鋼板ジベルに作用するせん断力の方向に対して直交方向に配置される鉄筋
拘束力	：ジベル孔部に充填されるコンクリートとそれより外側のコンクリートの間に生じたせん断ひび割れ面がずれると，骨材のかみ合わせ等によって周囲のコンクリートを押し広げようとする力が生じ，それを拘束するようにジベル孔部に垂直に作用する力（孔あき鋼板ジベルに対するコンクリートかぶり部および貫通鉄筋による拘束力をいう）
拘束応力度	：拘束力を拘束の有効面積で除すことによって算定される応力度
摩擦・付着耐力	：拘束応力度の影響が考慮されるジベル鋼板とコンクリートの間のずれに対する強さ
曲げひび割れ強度	：孔あき鋼板ジベルに対するコンクリートかぶり部に曲げひび割れが発生するときの垂直応力度
ピッチ	：せん断力が作用する方向の頭付きスタッドの中心間距離
ゲージ	：せん断力が作用する方向と直交する方向の頭付きスタッドの中心間距離
せん断ひび割れ強度	：ジベル孔部分に充填されるコンクリートとそれより外側のコンクリートの間にせん断ひび割れが発生するときのせん断応力度
長期許容耐力	：常時作用する荷重に対して機械的ずれ止めに期待する強さ
短期許容耐力	：地震時などに短期的に接合部に作用する荷重に対して機械的ずれ止めに期待する強さ
終局耐力	：機械的ずれ止めが保有する最大の強さ
最大耐力	：構造物やその部材が外力を受けて機械的ずれ止めが破壊に至るまでに耐えうる最大の強さ
耐力低減係数	：機械的ずれ止めの終局耐力の算定に用いる低減係数

1.3.2　記　　号

$_cA$：ジベル孔1個あたりにおける孔内のコンクリートの断面積（mm^2）

A_b：拘束力が作用するジベル鋼板部分の有効面積（mm^2）

A_n：ジベル孔1個あたりの有効なコンクリートかぶり部の等価断面積（mm^2）

A_p：拘束力が作用する部分の有効面積（mm^2）

A_s：ジベル鋼板の側面とコンクリートの接触面積（mm^2）

$_{hs}a$：頭付きスタッド1本あたりの軸部断面積（mm^2）

$_{pr}a$：貫通鉄筋の断面積（mm^2）

$_ra$：コンクリートかぶり部の有効幅および有効せい内に配置される横鉄筋の断面積（mm^2）〔図4.2.2参照〕

$_ra_1$：ジベル孔1個あたりの有効幅 $_eB$ 内に配置される横鉄筋の断面積（mm^2）であり，$_ra_1 = {}_ra/{}_hn$

$_eB$：ジベル孔1個あたりのコンクリートかぶり部の有効幅（mm）

b：ジベル鋼板の板厚の中心からコンクリートの縁端までの最小距離（mm）〔図4.2.3参照〕

$_{ps}c$：ジベル鋼板の側面からコンクリート側面までの距離（側面かぶり厚さ）(mm)〔図4.4.1参照〕

$_{pr}d_b$：貫通鉄筋の呼び名に用いた数値（mm）

$_{hs}d$：頭付きスタッドの呼び名の数値，または軸径（mm）

$_{ps}d$：ジベル孔の直径（mm）

$_cE$：コンクリートのヤング係数（N/mm^2）で，表2.2.1による

$_sE$：横鉄筋のヤング係数（N/mm^2）で，表2.2.1による

F：鋼材の基準強度（N/mm^2）

F_c：コンクリートの設計基準強度（N/mm^2）

F_y：ジベル鋼板の材料強度（N/mm^2）

f_b：コンクリートの付着割裂の基準となる強度で，（$F_c/40+0.9$）を用いる（N/mm^2）

$_dh$：ジベル孔の中心からジベル鋼板の上端までの距離（mm）〔図4.2.1参照〕

$_{rc}h$：コンクリートかぶり部のせい（mm）〔図4.2.2，4.2.3参照〕

$_{ps}h$：ジベル鋼板のせい（mm）

$_{rc}h_e$：コンクリートかぶり部の有効せい（mm）〔図4.2.1～4.2.3参照〕

I_n：ジベル孔1個あたりの有効なコンクリートかぶり部の中立軸に関する等価断面二次モーメント（mm^4）

$_{hs}L$：頭付きスタッドの呼び長さ（mm）

$_{ps}l$：ジベル鋼板の長さ（mm）〔図4.4.1参照〕

n：ヤング係数比

$_hn$：ジベル鋼板1枚あたりの孔数

$_{hs}n$：頭付きスタッドの本数

$_{p}n$：ジベル鋼板の並列配置数
$_{rc}P_r$：コンクリートかぶり部による拘束力(N)
$_{ps}p$：隣り合うジベル孔の中心間距離（mm）
Q_{dAL}：長期荷重時の接合部に作用する設計用せん断力（N）
Q_{dAS}：短期荷重時の接合部に作用する設計用せん断力（N）
Q_{dU}：終局時の接合部に作用する設計用せん断力（N）
$_{ps}q_{AL}$：孔あき鋼板ジベルのジベル孔１個あたりの長期許容耐力（N）
$_{ps}Q_{AS}$：孔あき鋼板ジベルの短期許容耐力（N）
$_{ps}Q_U$：孔あき鋼板ジベルの終局せん断耐力（N）
$_{hs}q_{AL}$：頭付きスタッド１本あたりの長期許容耐力（N）
$_{hs}q_{AS}$：頭付きスタッド１本あたりの短期許容耐力（N）
$_{hs}q_u$：頭付きスタッド１本あたりの終局せん断耐力（N）
$_{ps}q_b$：ジベル鋼板とコンクリートの摩擦・付着耐力（N）
$_{ps}q_c$：ジベル孔内のコンクリートのせん断ひび割れ耐力（N）
$_{ps}q_{cu}$：ジベル孔１個あたりのコンクリートの終局せん断耐力（N）
$_{s}q_y$：隣り合うジベル孔間のジベル鋼板部における降伏せん断耐力（N）
$_{ps}R$：ジベル孔の中心からジベル鋼板の縁端までの距離（mm）
r_e：有効なコンクリートかぶり部の表面から横鉄筋の重心までの距離（mm）
〔図 4.2.1～4.2.3 参照〕
$_{ps}s$：孔あき鋼板ジベルを複数列平行に配置する場合のジベル鋼板の中心間距離（mm）
〔図 4.4.1 参照〕
$_{ps}t$：ジベル鋼板の厚さ（mm）
y_G：有効なコンクリートかぶり部の等価断面の図心から表面までの距離（mm）
$_{ps}\alpha$：耐力上昇率
$_{ps}\beta$：耐力補正倍率
$_{hs}\phi$：頭付きスタッドの終局せん断耐力の算定に用いる耐力低減係数（＝0.85）
$_{ps}\phi$：孔あき鋼板ジベルの終局せん断耐力の算定に用いる耐力低減係数（＝0.90）
$_{c}\gamma$：コンクリートの気乾単位体積重量（kN/m^3）
σ_n：コンクリートかぶり部および貫通鉄筋の拘束力による耐力上昇率の算定に用いる拘束応力度（N/mm^2）
$_{c}\sigma_b$：コンクリートかぶり部の曲げひび割れ強度（N/mm^2）
$_{pr}\sigma_r$：貫通鉄筋による拘束応力度（N/mm^2）
$_{pr}\sigma_y$：貫通鉄筋の材料強度で，295（N/mm^2）とする
$_{rc}\sigma_r$：コンクリートかぶり部による拘束応力度（N/mm^2）
$_{c}\tau_c$：コンクリートのせん断ひび割れ強度（N/mm^2）

2章　材　　料

2.1　材料の品質と種別

2.1.1　ジベル鋼板

孔あき鋼板ジベルに使用する鋼材は，以下に示すJIS規格品またはJIS規格同等品とする．

JIS G 3101（一般構造用圧延鋼材）SS400

JIS G 3136（建築構造用圧延鋼材）SN400A,B,C，SN490B,C

JIS G 3106（溶接構造用圧延鋼材）SM400A,B,C，SM490A,B,C，SM490YA,YB

2.1.2　鉄　　筋

孔あき鋼板ジベルの貫通鉄筋および孔あき鋼板ジベルのコンクリートかぶり部分に配される横鉄筋には，JIS G 3112（鉄筋コンクリート用棒鋼）に定められた異形鉄筋を使用する．使用する鉄筋の呼び名はD10～D22とする．

2.1.3　頭付きスタッド

頭付きスタッドはJIS B 1198に規定されるものを使用する．呼び名（${}_{hs}d$）は10～25 mmとする．頭付きスタッドの材料は，圧延したシリコンキルド鋼またはアルミキルド鋼とする．

2.1.4　コンクリート

（1）　使用するコンクリートは普通コンクリートとし，その設計基準強度は21（N/mm^2）以上，かつ60（N/mm^2）以下とする．

（2）　コンクリートに使用する材料およびコンクリートの品質は「建築工事標準仕様書・同解説　JASS5　鉄筋コンクリート工事」[2.1.4)] による．

2.1.5　溶接材料

ジベル鋼板を母材に溶接する際に使用する溶接材料は，以下に示す規格のものとする．

JIS Z 3183　炭素鋼及び低合金鋼用サブマージアーク溶着金属の品質区分

JIS Z 3211　軟鋼，高張力鋼及び低温用鋼用被覆アーク溶接棒

JIS Z 3312　軟鋼，高張力鋼及び低温用鋼用のマグ溶接及びミグ溶接ソリッドワイヤ

JIS Z 3313　軟鋼，高張力鋼及び低温用鋼用アーク溶接フラックス入りワイヤ

2.2　材料の定数

使用する材料の主な定数を表2.2.1に示す．

表 2.2.1　使用材料の主な定数

材料	ヤング係数 (N/mm²)	ポアソン比	線膨張係数 (1/℃)
鋼材	2.05×10^5	0.3	1×10^{-5}
鉄筋			
コンクリート	$33500\times({}_c\gamma/24)^2\times(F_c/60)^{1/3}$	0.2	1×10^{-5}

$F_c\leqq36$　${}_c\gamma=23.0$ (kN/m³)，$36<F_c\leqq48$　${}_c\gamma=23.5$ (kN/m³)，$48<F_c\leqq60$　${}_c\gamma=24.0$ (kN/m³)

ここで，${}_c\gamma$：コンクリートの気乾単位体積重量（kN/m³）

F_c：コンクリートの設計基準強度（N/mm²）

2.3　材 料 強 度

2.3.1　ジベル鋼板の材料強度

孔あき鋼板ジベルに用いる鋼材の材料強度は，基準強度 F 値とする．F 値は表 2.3.1 に示すとおりとする．

表 2.3.1　鋼材の F 値

鋼材種別	SS400	SN490B，C
	SN400A，B，C	SM490A，B，C
	SM400A，B，C	SM490YA，YB
F 値(N/mm²)	235	325

2.3.2　鉄筋の材料強度

孔あき鋼板ジベルに配される貫通鉄筋の材料強度は，295（N/mm²）とする．

2.3.3　コンクリートの材料強度

コンクリートの材料強度は，設計基準強度 F_c（N/mm²）とする．

3 章　頭付きスタッド

3.1　適 用 範 囲

（1）　本章の規定は，鋼とコンクリートの接触面の応力を伝達する頭付きスタッドを対象として，終局耐力および許容耐力による接合部の耐力計算に適用する．

（2）　疲労強度に影響を与えるような多数回繰返し荷重または大きな衝撃荷重の作用する箇所には使用しない．

（3）　許容耐力設計を行う場合は，頭付きスタッドの頭部から軸方向にコンクリートを打設することを原則とする．

（4）　コンクリートスラブに用いる場合は，等厚のみとする．

（5）　接合部を設計する際は，部材の応力状態や応力伝達を適切に把握して頭付きスタッドの必要本数を決定する.

3.2　終局耐力設計

（1）　頭付きスタッドによる鋼・コンクリート接合部の設計

頭付きスタッドの終局せん断耐力 ${}_{hs}q_u$ は，(3.2.1)式を満足するものとする.

$$ {}_{hs}n \cdot {}_{hs}\phi \cdot {}_{hs}q_u \geqq Q_{dU} \qquad (3.2.1)$$

${}_{hs}n$：頭付きスタッドの本数

${}_{hs}\phi$：耐力低減係数（=0.85）

${}_{hs}q_u$：頭付きスタッド1本あたりの終局せん断耐力

Q_{dU}：終局時の接合部に作用する設計用せん断力

（2）　頭付きスタッドの終局せん断耐力

頭付きスタッド1本あたりの終局せん断耐力 ${}_{hs}q_u$ は，(3.2.2)式で算定する.

$$ {}_{hs}q_u = 2.75\,{}_{hs}a({}_cE \cdot F_c)^{0.3}\sqrt{\frac{{}_{hs}L}{{}_{hs}d}} \qquad (3.2.2)$$

${}_{hs}a$：頭付きスタッド1本あたりの軸部断面積

${}_cE$：コンクリートのヤング係数（N/mm^2）

F_c：コンクリートの設計基準強度（N/mm^2）

${}_{hs}L$：頭付きスタッドの呼び長さ

${}_{hs}d$：頭付きスタッドの軸径

なお，${}_{hs}L/{}_{hs}d$ の値は3.5以上とし，8.0以上の場合は8.0とする．ただし，${}_{hs}d=25$ において ${}_{hs}L/{}_{hs}d$ の値が6.0以上の場合は6.0とする.

3.3　許容耐力設計

（1）　頭付きスタッドを用いた接合部の長期許容耐力は，(3.3.1)式とすることができる.

$$ {}_{hs}n \cdot {}_{hs}q_{AL} \geqq Q_{dAL} \qquad (3.3.1)$$

ここで，${}_{hs}q_{AL} = 1/3 \cdot {}_{hs}q_u$　(3.3.2)

Q_{dAL}：長期荷重時の接合部に作用する設計用せん断力

${}_{hs}n$：頭付きスタッドの本数

${}_{hs}q_{AL}$：頭付きスタッド1本あたりの長期許容耐力

${}_{hs}q_u$：頭付きスタッド1本あたりの終局せん断耐力

（2）　頭付きスタッドを用いた接合部の短期許容耐力は，(3.3.3)式とすることができる．ただし，長期荷重を負担する接合部の設計には(3.3.3)式は適用しない.

$$ {}_{hs}n \cdot {}_{hs}q_{AS} \geqq Q_{dAS} \qquad (3.3.3)$$

ここで，${}_{hs}q_{AS} = 2/3 \cdot {}_{hs}q_u$　(3.3.4)

Q_{dAS}：短期荷重時の接合部に作用する設計用せん断力

${}_{hs}q_{AS}$：頭付きスタッド1本あたりの短期許容耐力

3.4 構造細則

頭付きスタッドの設計における構造細則について，以下に示す．

（1） 頭付きスタッドのピッチは軸径の 7.5 倍以上，かつ 600 mm 以下とする．ゲージは軸径の 5 倍以上とする．

（2） コンクリートの縁辺から頭付きスタッドの軸心までの距離（へりあき）は 100 mm 以上，かつ軸径の 6 倍以上とする．ただし，頭付きスタッドの軸径が 25 mm の場合は，軸径の 10 倍以上とする．コンクリートの端から頭付きスタッドの軸心までの距離（はしあき）は，表 3.4.1 に示す値以上とする．

（3） 頭付きスタッドが溶接されている鋼板（母材）縁辺と頭付きスタッドの軸心との距離は，40 mm 以上とする．

（4） 頭付きスタッドのコンクリートかぶり厚さは，あらゆる方向で 30 mm 以上とする．

（5） 溶接する頭付きスタッドの軸径は，母材板厚の 2.5 倍以下とする．また，頭付きスタッドの軸径が 25 mm の場合は，母材板厚を 12 mm 以上とする．ただし，母材直交方向に鋼板があり，その直上に溶接される場合は母材板厚の制限を設けない．

（6） 構造細則は上記を原則としているが，特別な研究や調査により，頭付きスタッドの耐力が確認できる場合は，（1），（2）および（5）の数値を緩和することができる．

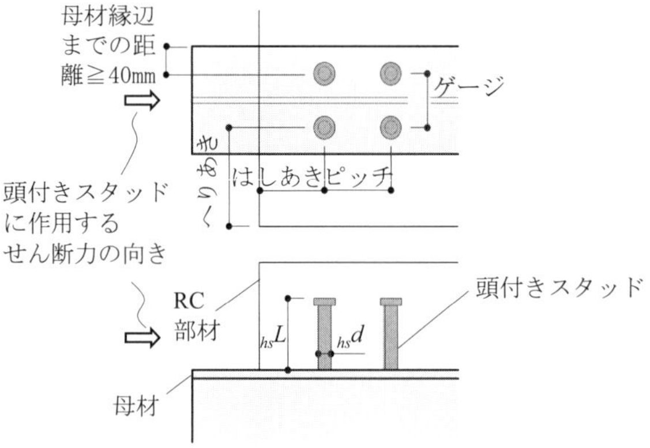

図 3.4.1 ピッチ・ゲージ・へりあき・はしあき

表 3.4.1 はしあきの最小値

$3.5 \leqq {}_{hs}L/{}_{hs}d < 4$	$4 \leqq {}_{hs}L/{}_{hs}d < 6$	$6 \leqq {}_{hs}L/{}_{hs}d$
$10\,{}_{hs}d$	$11\,{}_{hs}d$	$12\,{}_{hs}d$

4章 孔あき鋼板ジベル

4.1 適用範囲

（1） 本章の規定は，鋼とコンクリートの接触面の応力を伝達する孔あき鋼板ジベルを対象として，終局耐力および許容耐力による接合部の耐力計算に適用する．

（2） 孔あき鋼板ジベルの周囲は鉄筋コンクリートとする．

（3） 多数回繰り返し荷重や大きな衝撃荷重の作用する箇所には適用しない．

（4）　アンカーとしての適用は適用範囲外とする．

4.2　終局耐力設計

（1）　孔あき鋼板ジベルによる鋼・コンクリート接合部の設計

孔あき鋼板ジベルの終局せん断耐力${}_{ps}Q_U$は，(4.2.1)式を満足するものとする．

$$ {}_{ps}\phi \cdot {}_{ps}Q_U \geqq Q_{dU} \tag{4.2.1} $$

記号　${}_{ps}\phi$：耐力低減係数（＝0.90）

${}_{ps}Q_U$：孔あき鋼板ジベルの終局せん断耐力

Q_{dU}：終局時の接合部に作用する設計用せん断力

（2）　孔あき鋼板ジベルの終局せん断耐力

孔あき鋼板ジベルの終局せん断耐力${}_{ps}Q_U$は，ジベル孔 1 個あたりのコンクリートの終局せん断耐力${}_{ps}q_{cu}$とジベル鋼板とコンクリートの摩擦・付着耐力${}_{ps}q_b$を用いた(4.2.2)式による．

$$ {}_{ps}Q_U = {}_{p}n({}_{h}n \cdot {}_{ps}q_{cu} + {}_{ps}q_b) \tag{4.2.2} $$

記号　${}_{p}n$：ジベル鋼板の並列配置数

${}_{h}n$：ジベル鋼板 1 枚あたりの孔数

【コンクリートの終局せん断耐力】

ジベル孔 1 個あたりのコンクリートの終局せん断耐力${}_{ps}q_{cu}$は，ジベル孔内のコンクリートのせん断ひび割れ耐力${}_{ps}q_c$に，せん断面に作用する拘束応力による耐力上昇を考慮した耐力上昇率${}_{ps}\alpha$と耐力補正倍率${}_{ps}\beta$を乗じた(4.2.3)式により算定する．ジベル孔内のコンクリートのせん断ひび割れ耐力${}_{ps}q_c$は，(4.2.4)式により，耐力上昇率および耐力補正倍率は，おのおの(4.2.5)式および(4.2.6)式による．

$$ {}_{ps}q_{cu} = {}_{ps}\alpha \cdot {}_{ps}\beta \cdot {}_{ps}q_c \tag{4.2.3} $$

$$ {}_{ps}q_c = 2{}_{c}A \cdot {}_{c}\tau_c \tag{4.2.4} $$

ここで，${}_{c}\tau_c = 0.5\sqrt{F_c}$，${}_{c}A = \dfrac{\pi \cdot {}_{ps}d^2}{4}$

$$ {}_{ps}\alpha = 3.28\sigma_n^{0.387}\ (\sigma_n \geqq 0.0464\ の場合),\quad {}_{ps}\alpha = 1.0\ (\sigma_n < 0.0464\ の場合) \tag{4.2.5} $$

$$ {}_{ps}\beta = 1.3 \tag{4.2.6} $$

記号　${}_{ps}\alpha$：耐力上昇率

${}_{ps}\beta$：耐力補正倍率

${}_{ps}q_c$：ジベル孔内のコンクリートのせん断ひび割れ耐力（N）

${}_{c}A$：ジベル孔 1 個あたりにおける孔内のコンクリートの断面積（mm^2）

${}_{c}\tau_c$：コンクリートのせん断ひび割れ強度（$\mathrm{N/mm}^2$）

F_c：コンクリートの設計基準強度（$\mathrm{N/mm}^2$）

${}_{ps}d$：ジベル孔の直径（mm）

σ_n：コンクリートかぶり部および貫通鉄筋の拘束力による耐力上昇率の算定に用いる拘束応力度（$\mathrm{N/mm}^2$）

【鋼板とコンクリートの摩擦・付着耐力】

ジベル鋼板とコンクリートの摩擦・付着耐力${}_{ps}q_b$は，(4.2.7)式による．ジベル鋼板の表面処理状態は，黒皮（赤錆を含む）に限定する．

$$ {}_{ps}q_b = 0.30\cdot\sigma_n\cdot A_b\cdot{}_h n + 0.15(A_s - 2{}_c A\cdot{}_h n) \qquad (4.2.7)$$

ここで，$A_b = 2\left(A_p - \dfrac{\pi\cdot{}_{ps}d^2}{4}\right)$，$A_s = 2{}_{ps}h\cdot{}_{ps}l$，$A_p = \pi\cdot{}_{ps}R^2$，${}_{ps}R = \min\{{}_d h,\ {}_{ps}h - {}_d h\}$

記号　A_b：拘束力が作用するジベル鋼板部分の有効面積（mm^2）

A_s：ジベル鋼板の側面とコンクリートの接触面積（mm^2）

${}_{ps}h$：ジベル鋼板のせい（mm）

${}_{ps}l$：ジベル鋼板の長さ（mm）

A_p：拘束力が作用する部分の有効面積（mm^2）

${}_{ps}R$：ジベル孔の中心からジベル鋼板の縁端までの最小距離

${}_d h$：ジベル孔の中心からジベル鋼板の上端までの距離（mm）〔図 4.2.1 参照〕

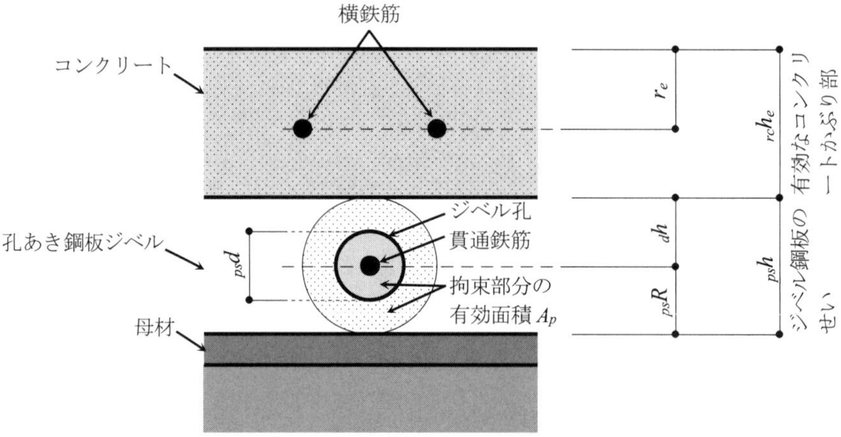

図 4.2.1　拘束力が作用するジベル鋼板部分の有効面積

【拘束応力度】

ジベル孔 1 個あたりの(4.2.5)式の耐力上昇率の算定に用いる拘束応力度および(4.2.7)式の摩擦・付着面に作用する拘束応力度は(4.2.8)式，貫通鉄筋による拘束応力度は(4.2.9)式およびコンクリートかぶり部による拘束応力度は，(4.2.10)式による．

$$\sigma_n = {}_{pr}\sigma_r + {}_{rc}\sigma_r \qquad (4.2.8)$$

$$ {}_{pr}\sigma_r = \frac{{}_{pr}a\cdot\dfrac{2}{3}\,{}_{pr}\sigma_y}{A_p} \qquad (4.2.9)$$

$$ {}_{rc}\sigma_r = \frac{{}_{rc}P_r}{A_p} \qquad (4.2.10)$$

ここで，${}_{rc}P_r = \dfrac{{}_c\sigma_b}{\dfrac{({}_{rc}h_e - y_G)\cdot({}_{rc}h_e - y_G + {}_d h)}{I_n} + \dfrac{1}{A_n}}$，${}_c\sigma_b = 0.56\sqrt{F_c}$，

$$y_G=\frac{{}_eB\cdot\frac{{}_{rc}h_e{}^2}{2}+(n-1)_ra_1\cdot r_e}{A_n},\quad n=\frac{{}_sE}{{}_cE}$$

$$I_n=\frac{{}_eB\cdot{}_{rc}h_e{}^3}{12}+{}_eB\cdot{}_{rc}h_e\left(y_G-\frac{{}_{rc}h_e}{2}\right)^2+(n-1)_ra_1(r_e-y_G)^2$$

$$A_n={}_eB\cdot{}_{rc}h_e+(n-1)_ra_1$$

記号　${}_{pr}\sigma_r$：貫通鉄筋による拘束応力度（N/mm²）

${}_{rc}\sigma_r$：コンクリートかぶり部による拘束応力度（N/mm²）

${}_{pr}a$：貫通鉄筋の断面積（mm²）

${}_{pr}\sigma_y$：貫通鉄筋の材料強度で，295（N/mm²）とする

${}_{rc}P_r$：コンクリートかぶり部による拘束力（N）

${}_c\sigma_b$：コンクリートかぶり部の曲げひび割れ強度（N/mm²）

${}_{rc}h_e$：コンクリートかぶり部の有効せい（mm）

y_G：有効なコンクリートかぶり部の等価断面の図心から表面までの距離（mm）

${}_dh$：ジベル孔の中心からジベル鋼板の上端までの距離（mm）〔図 4.2.1 参照〕

I_n：ジベル孔 1 個あたりの有効なコンクリートかぶり部の中立軸に関する等価断面二次モーメント（mm⁴）

A_n：ジベル孔 1 個あたりの有効なコンクリートかぶり部の等価断面積（mm²）

${}_eB$：ジベル孔 1 個あたりのコンクリートかぶり部の有効幅（mm）

${}_ra_1$：ジベル孔 1 個あたりの有効幅 ${}_eB$ 内に配置される横鉄筋の断面積（mm²）であり，${}_ra_1={}_ra/{}_hn$

${}_ra$：コンクリートかぶり部の有効幅および有効せい内に配置される横鉄筋の断面積（mm²）〔図 4.2.2 参照〕

r_e：有効なコンクリートかぶり部の表面から横鉄筋の重心までの距離（mm）〔図 4.2.1～4.2.3 参照〕

n：ヤング係数比

${}_cE,{}_sE$：コンクリートおよび横鉄筋のヤング係数（N/mm²）で，表 2.2.1 による

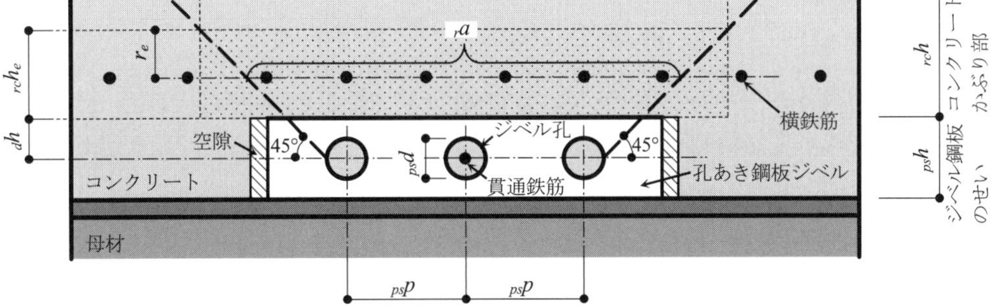

図 4.2.2　ジベル鋼板の材軸方向のコンクリートかぶり部の有効幅

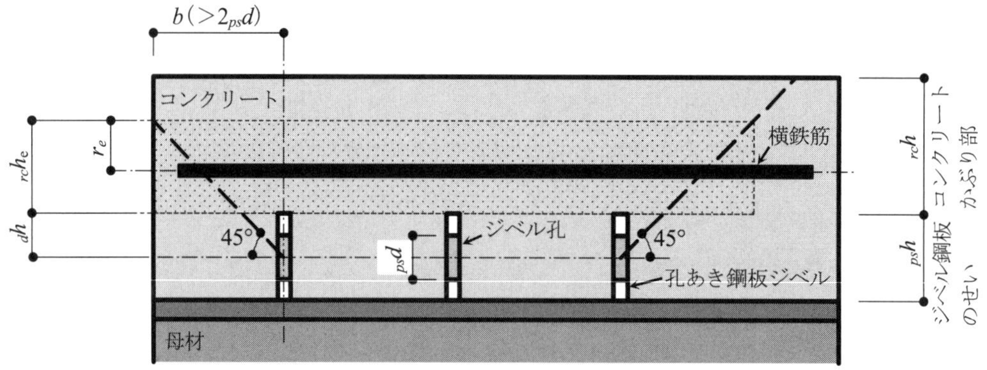

図 4.2.3　コンクリートかぶり部の寸法

【コンクリートかぶり部の有効幅】

孔 1 個あたりのコンクリートかぶり部の有効幅 $_eB$ は，図 4.2.2 を想定して(4.2.11)式による．

$$\left.\begin{array}{ll} \text{単一孔または } {}_{ps}p \geqq 2\left(\dfrac{{}_{ps}d}{2}+{}_dh+{}_{rc}h_e\right) \text{ の場合} & : {}_eB={}_{ps}d+2({}_dh+{}_{rc}h_e) \\ {}_{ps}p<2\left(\dfrac{{}_{ps}d}{2}+{}_dh+{}_{rc}h_e\right) \text{ の場合} & : {}_eB=\dfrac{({}_hn-1){}_{ps}p+{}_{ps}d+2({}_dh+{}_{rc}h_e)}{{}_hn} \end{array}\right\} \quad (4.2.11)$$

記号　$_{ps}p$：隣り合うジベル孔の中心間距離（mm）

【コンクリートかぶり部の有効せい】

コンクリートかぶり部の有効せい $_{rc}h_e$ は，図 4.2.3 を想定して(4.2.12)式による．

$$_{rc}h_e=\min\{_{rc}h,\ _{rc}h_{45},\ 5_{ps}d\} \quad (4.2.12)$$

$$_{rc}h_{45}=b-{}_dh,\ \text{ただし，}\ b>2_{ps}d$$

記号　$_{rc}h$：コンクリートかぶり部のせい（mm）

b：ジベル鋼板の板厚の中心からコンクリートの縁端までの最小距離（mm）〔図 4.2.3 参照〕

（3）　ジベル鋼板の孔間部の設計

ジベル孔間のジベル鋼板部は，(4.2.13)式を満足するものとする．ジベル孔間のジベル鋼板部の降伏せん断耐力は，(4.2.14)式による．

$$_hn\cdot{}_{ps}q_{cu}+{}_{ps}q_b<{}_sq_y \quad (4.2.13)$$

$$_sq_y=1.66\frac{F_y}{\sqrt{3}}\cdot({}_{ps}l-{}_hn\cdot{}_{ps}d)\cdot{}_{ps}t \quad (4.2.14)$$

記号　$_sq_y$：隣り合うジベル孔間のジベル鋼板部における降伏せん断耐力（N）

F_y：ジベル鋼板の材料強度（N/mm^2）

$_{ps}t$：ジベル鋼板の厚さ（mm）

（4）　ジベル鋼板と母材との接合部の設計

ジベル鋼板と母材の溶接部は，孔あき鋼板ジベルの終局せん断耐力を上回る耐力を有するように設計する．

4.3　許容耐力設計

（1）　孔あき鋼板ジベルを用いた接合部の長期許容耐力は，(4.3.1)式とすることができる．孔あき鋼板ジベルの孔1個あたりの長期許容耐力は，ジベル孔側面によるコンクリートのひび割れせん断耐力とし，(4.3.2)式による．

$$ {}_{p}n \cdot {}_{h}n \cdot {}_{ps}q_{AL} \geqq Q_{dAL} \quad (4.3.1)$$

$$ {}_{ps}q_{AL} = 2{}_{c}A \cdot {}_{c}\tau_{c} \quad (4.3.2)$$

ここで，${}_{c}A = \dfrac{\pi \cdot {}_{ps}d^2}{4}$，${}_{c}\tau_{c} = 0.5\sqrt{F_c}$

Q_{dAL}：長期荷重時の接合部に作用する設計用せん断力

${}_{ps}q_{AL}$：孔あき鋼板ジベルのジベル孔1個あたりの長期許容耐力

${}_{p}n$：ジベル鋼板の並列配置数

${}_{h}n$：ジベル鋼板1枚あたりの孔数

${}_{c}A$：ジベル孔1個あたりにおける孔内のコンクリートの断面積

${}_{ps}d$：ジベル孔の直径

${}_{c}\tau_{c}$：コンクリートのせん断ひび割れ強度

F_c：コンクリートの設計基準強度

（2）　孔あき鋼板ジベルを用いた接合部の短期許容耐力は，(4.3.3)式とすることができる．

$$ {}_{ps}Q_{AS} \geqq Q_{dAS} \quad (4.3.3)$$

ここで，${}_{ps}Q_{AS} = (2/3) \cdot {}_{ps}Q_{U}$　(4.3.4)

Q_{dAS}：短期荷重時の接合部に作用する設計用せん断力

${}_{ps}Q_{AS}$：孔あき鋼板ジベルの短期許容耐力

${}_{ps}Q_{U}$：孔あき鋼板ジベルの終局せん断耐力で(4.2.2)式による

4.4　構 造 細 則

孔あき鋼板ジベルの設計における構造細則について，以下に示す．

（1）　ジベル鋼板の孔径${}_{ps}d$は，粗骨材の最大寸法と貫通鉄筋の呼び名に用いた数値の合計以上，かつ80 mm以下とする．

（2）　ジベル鋼板の厚さ${}_{ps}t$は，9 mm以上22 mm以下，かつ孔径${}_{ps}d$の0.18倍以上とする．

（3）　ジベル鋼板の並列間隔（複数列平行に配置する場合のジベル鋼板の中心間隔）${}_{ps}s$は，ジベル鋼板せい${}_{ps}h$の1.5倍以上，かつジベル孔径${}_{ps}d$の3倍以上とする．

（4）　ジベル鋼板と母材の溶接部は，両面隅肉溶接，K形開先の両面溶接による部分溶込み溶接，および完全溶込み溶接とする．

（5）　コンクリートかぶり部のせい（ジベル鋼板上端からコンクリート上面までの距離）${}_{rc}h$は，50 mm以上，かつジベル鋼板のせい${}_{ps}h$の0.5倍以上とする．また，側面かぶり厚さ（ジベル鋼板の側面からコンクリート側面までの距離）${}_{ps}c$は100 mm以上，かつ孔径${}_{ps}d$の2倍以上とする．

（6）　ジベル孔内には原則として貫通鉄筋を配置する．貫通鉄筋の必要定着長さは表 4.4.1 による．標準フック等を貫通鉄筋の端部に設ける場合は，本会「鉄筋コンクリート構造計算規準・同解説」の 17 条 1 項（3）に準ずる．

（7）　ジベル鋼板の長さ $_{ps}l$ は，孔径 $_{ps}d$ と孔数 $_{h}n$ の積の 6 倍以下とする．

（8）　孔あき鋼板ジベルがせん断力を受ける方向に対するジベル鋼板端部の空隙の長さは，原則として 10 mm 以上とする．また，空隙の幅（ジベル鋼板の厚さ方向の長さ）は，ジベル鋼板の厚さ +0～5 mm 程度とする．

（9）　特別な調査研究により耐力に有効な補強が施されていると判断された場合は，上記の構造細則によらなくて設計してもよい．

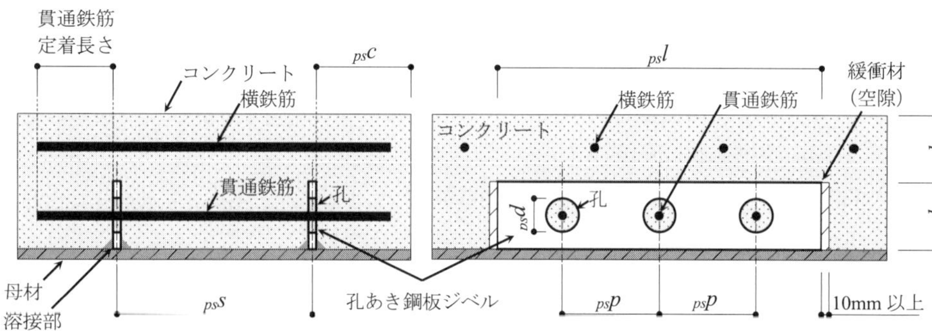

図 4.4.1　孔あき鋼板ジベルの配置

表 4.4.1　貫通鉄筋の必要定着長さ

定着の種類	必要定着長さ
直線定着	$37({}_{pr}d_b/f_b)$ 以上
標準フックまたは 信頼できる機械式定着具	直線定着の場合の 0.5 倍以上

$_{pr}d_b$：貫通鉄筋の呼び名に用いた数値（mm）
f_b：付着割裂の基準となる強度で，$(F_c/40+0.9)$ を用いる (N/mm^2)
F_c：コンクリートの設計基準強度 (N/mm^2)

鋼・コンクリート機械的ずれ止め
構造設計指針

解　　説

鋼・コンクリート機械的ずれ止め構造設計指針・解説

1章　総　　則

1.1　適　　用

本指針は，鋼とコンクリートの接触面のずれを機械的に拘束することによって，両者間のせん断力を伝達する機械的ずれ止めのうち，頭付きスタッドおよび孔あき鋼板ジベルを対象に，終局耐力および許容耐力による接合部の耐力計算に適用する．ただし，特別の調査研究に基づき計算される場合，本指針を適用しなくてもよい．

（1）　合成構造における機械的ずれ止め

多様なニーズに対応できる構造形式として，合成構造が挙げられる．合成構造は，解図 1.1.1 に示すように，種々の材料を合理的に組み合わせ，優れた合成部材を形成したり，一種類の構造部材あるいは構造システムで構築物を構成するだけでなく，鉄筋コンクリート（以下，RC という）柱・鉄骨梁構造や外周鉄骨骨組・RC コア壁構造のように，数種類の構造部材や構造システムを適材適所に用いる混合構造からなる構造形式である．現状，合成構造は，数種類の構造部材や構造システムを幅広く組み合わせ，多様化傾向を呈しているとともに，今後も種々な合成構造が開発されると考えられる．

かかる合成構造の多様化傾向を鑑み，本会では，従前の「鉄骨鉄筋コンクリート構造計算規準」（以下，SRC 規準という）を親規準とした構造設計規準体系を改定し，新たに合成構造全域を包括する「合成構造設計規準」[1.1.1)]（以下，合成構造規準という）を刊行して，合成構造規準を親規準と

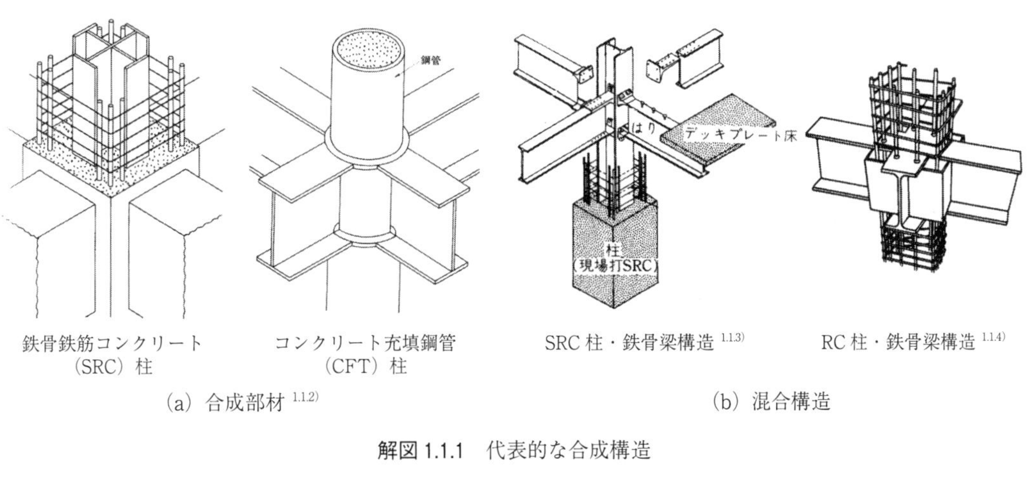

鉄骨鉄筋コンクリート（SRC）柱　　コンクリート充填鋼管（CFT）柱　　SRC 柱・鉄骨梁構造 [1.1.3)]　　RC 柱・鉄骨梁構造 [1.1.4)]

(a) 合成部材 [1.1.2)]　　(b) 混合構造

解図 1.1.1　代表的な合成構造

する構造設計規準体系を構築した．合成構造規準では，合成構造に関する構造設計クライテリアや接合部等の共通的な設計規準事項を内容としており，各種合成構造に共通する接合部要素である支圧，摩擦，付着や機械的ずれ止め等の設計概念が示されているが，今後の多様な合成構造への適用展開としては，建築物の接合ディテールに対応した設計規準あるいは指針等の構築が必要である．合成構造における鋼とコンクリートの接合要素のうち，接合部での応力の伝達を確実に行うため，鋼とコンクリートの接触面に，ずれを拘束してせん断力を伝達する機械的ずれ止めが用いられる．機械的ずれ止めは，鋼とコンクリートの接触面でずれを拘束することから，ずれ止め部材はせん断力を受ける場合が多い．機械的ずれ止めの材料としては，鋼材が一般的である．建築分野の機械的ずれ止めとして，頭付きスタッドが多用され，合成梁，鋼構造の柱脚部および鉄骨部とRC部の切替え部等に適用されているが，頭付きスタッド以外の機械的ずれ止めも対象とした機械的ずれ止めの構造設計規準類が見られない．そこで，構造委員会・鋼コンクリート合成構造運営委員会では，建築分野で適用される機械的ずれ止めおよび土木分野で適用実績があり，従来から建築分野でも適用が可能と考えられる機械的ずれ止めについて，「鋼・コンクリート機械的ずれ止め構造設計指針」（以下，ずれ止め指針という）として，設計法を取りまとめることとした．

（2）各種鋼・コンクリート機械的ずれ止め

鋼とコンクリートの接触面における，ずれを拘束する機械的ずれ止めは，建築構造分野において，前述のように，解図1.1.2(a)の頭付きスタッドが合成梁，柱脚部や切替え部等に適用されている．

また，解図1.1.2(b)に示す孔あき鋼板ジベル[1.1.5), 1.1.6)]は，Leonhardt等によって提唱され，複数の円孔を有する鋼板を鋼部材に溶接して，円孔に充填されたコンクリートがせん断力に抵抗し，鋼部材とRC部材とのずれ止めとして機能するもので，頭付きスタッドに比較して，剛性が高く，高耐力が期待でき，簡易なディテールであるため，施工が容易となる特長を有する．土木分野では，合成桁等の複合構造に，孔あき鋼板ジベルの適用が見られる．土木学会・複合構造標準示方書[1.1.7)]（以下，土木示方書という）では，終局せん断耐力式およびせん断力－ずれ変位関係モデルが提示されており，かかる終局せん断耐力式は，種々な因子による実験結果に基づき案出されている．孔あき鋼板ジベルは前述の特長を有するため，建築構造分野での適用が期待され，「合成構造設計規準」[1.1.1)]において紹介されている．

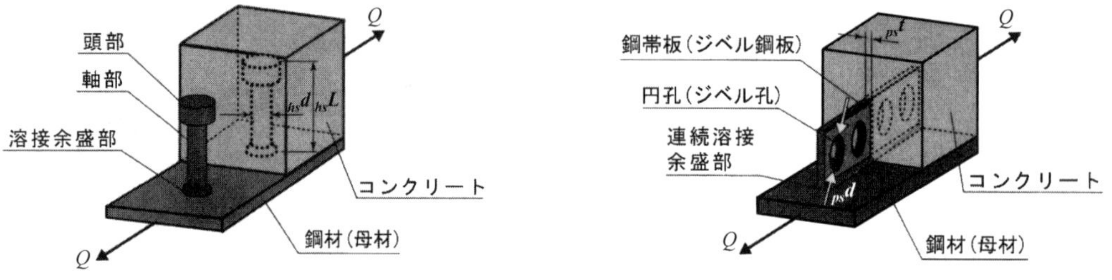

(a) 頭付きスタッド　　(b) 孔あき鋼板ジベル

解図1.1.2　代表的な機械的ずれ止め[1.1.9)]

これらの機械的ずれ止めの構造性状として，土木学会「鋼・コンクリート合成構造の設計ガイドライン」[1.1.8)] では，解図 1.1.3 に示すように，せん断力により，ずれ止めが変形しながら抵抗する柔なずれ止めと，ずれ止めがほとんど変形しない剛なずれ止めに分けられ，頭付きスタッドは柔なずれ止めに，孔あき鋼板ジベルは剛なずれ止めに分類されている．解図 1.1.4 に示す土木分野で検討されているずれ止めでは，前述の剛なずれ止めおよび柔なずれ止め以外に，鉄筋とコンクリートとの付着力によって生じる鉄筋の引張力を利用した付着型ずれ止めが文献[1.1.8)] で紹介されている．

建築分野のずれ止めは，前述のように，頭付きスタッドが多用されているが，今後，合成部材内の構成材料間の接合や混合構造の接合部においては，高応力状態も予想されるので，土木分野のずれ止めの適用も検討対象になると考えられる．

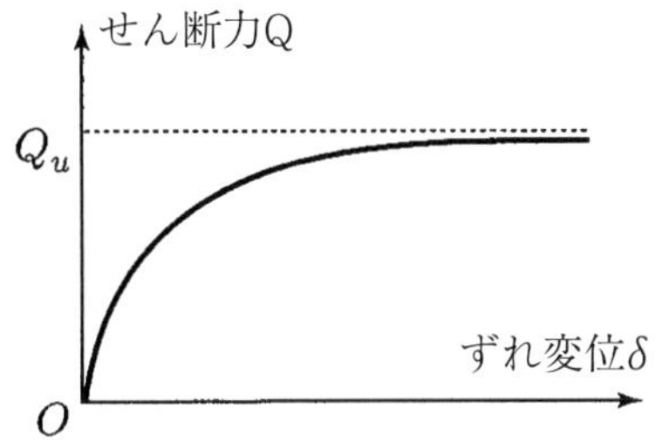

(a) 柔なずれ止め

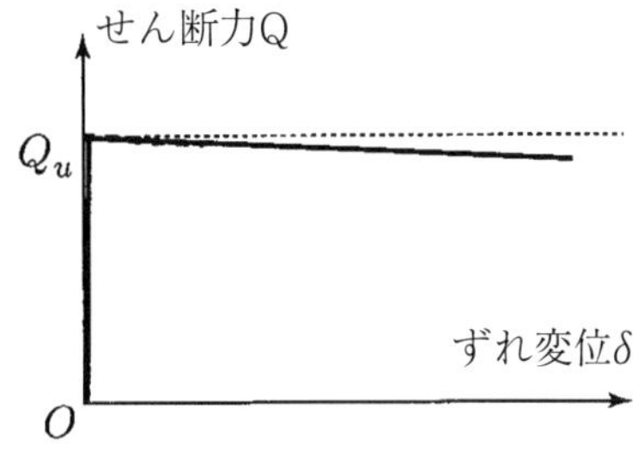

(b) 剛なずれ止め

解図 1.1.3　機械的ずれ止めの荷重－ずれ変位関係[1.1.9)]

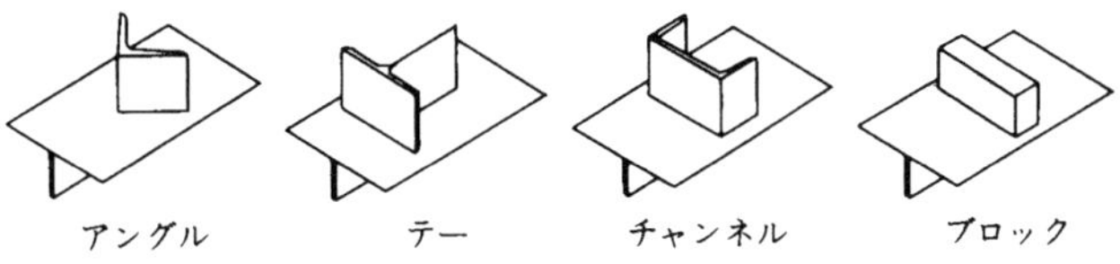

(a) 剛なずれ止め

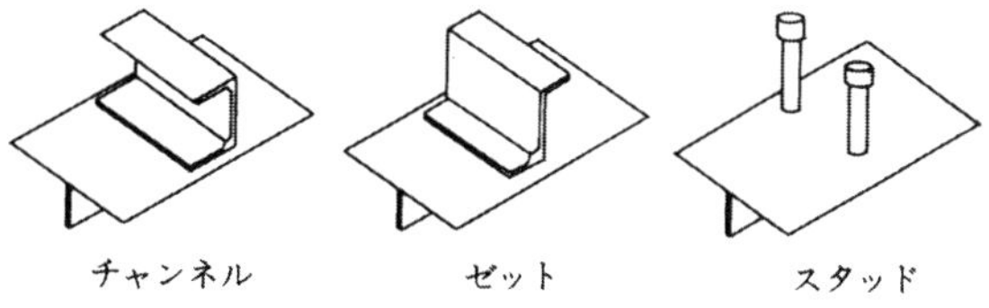

(b) 柔なずれ止め

(c) 付着型ずれ止め

解図 1.1.4　土木分野のずれ止め[1.1.8)]

解表 1.1.1　合成構造設計規準類体系

レベル 1	合成構造設計規準			
レベル 2-1	鉄骨鉄筋コンクリート構造計算規準	コンクリート充填鋼管構造設計施工指針	鋼・コンクリート機械的ずれ止め構造設計指針	鉄筋コンクリート柱・鉄骨梁混合構造設計指針
レベル 2-2	鉄骨鉄筋コンクリート造配筋指針	コンクリート充填鋼管構造設計ガイドブック	鋼コンクリート構造接合部の応力伝達と抵抗機構	鉄筋コンクリート柱・鉄骨梁混合構造の設計と施工

（3）本指針の概要

a）合成構造設計規準体系における本指針

本会・合成構造設計規準類の体系は，解表 1.1.1 に示すように，2 レベルに分け，構造委員会で作成された「構造設計規準等の基本原則 2007（案）」[1.1.10)] の基本原則を参考に，レベル 1 が合成構造としての親規準となる本会「合成構造設計規準」とし，レベル 2 が SRC 構造，コンクリート充填鋼管構造（以下，CFT 構造という）等の各種合成構造規準類とする体系である．レベル 1 の「合成構造設計規準」は，現状の合成構造に関する構造設計クライテリアや接合部等の共通的な設計規準事項を内容とするとともに，今後開発される合成構造も視野に入れて，新たに開発される合成構造の設計法の確立に資する内容も取り込み，作成されている．レベル 2 では，各種規準・指針類をレベル 2-1 とし，実務者あるいは初学者を対象とした各種規準・指針類のガイドブックや構造設計に資する最新の研究状況報告等をレベル 2-2 としている．SRC 規準[1.1.11)]，CFT 指針[1.1.12)] および「鉄筋コンクリート柱・鉄骨梁混合構造設計指針」[1.1.13)] はレベル 2-1 に属する．

本指針は，合成構造設計規準類の体系において，レベル 2-1 の各種合成構造規準類に位置づけられる．機械的ずれ止めの接合要素としての設計法に関する規準類がないため，本指針では，建築構造物の適用に関して，機械的ずれ止めの接合要素の設計法について提示したものである．

b）本指針の内容構成および対象となる機械的ずれ止め

本指針の対象とする機械的ずれ止めは，頭付きスタッドと孔あき鋼板ジベルの 2 種類とする．

指針は 4 章から構成され，「1 章　総則」は，機械的ずれ止めの構造設計の共通事項について記載する．

「2 章　材料」は，機械的ずれ止めに使用される各種材料の品質，種類および機械的性質について記述する．

「3 章　頭付きスタッド」および「4 章　孔あき鋼板ジベル」では，本指針が対象とする頭付きスタッドおよび孔あき鋼板ジベルについて，まず終局耐力評価式を求め，その終局耐力に基づき，許容耐力を設定している．「終局耐力設計」の各節では，単一の頭付きスタッドあるいは単一孔の鋼板ジベルの終局耐力式を基本として，多数本の頭付きスタッド配置，複数孔のジベル鋼板の並列配置等の種々なディテールでの設計式を提示する．「許容耐力設計」では，剛柔のずれ止めの荷重－変形関係，現象等を参考に，終局耐力に基づき，各許容耐力を設定している．

（4）本指針の主な内容

a）頭付きスタッドの設計

本会「各種合成構造設計指針」（2010年改定版），（以下，各種合成指針という）[1.1.14] で用いられているFisher式[1.1.15] に基づき終局耐力式が提示されているが，本指針の頭付きスタッドの設計では，頭付きスタッド径を太径の呼び名25まで，圧縮強度80 N/mm^{2}までの高強度コンクリート等の広範囲な既往の実験資料を分析し，重回帰分析に基づき終局耐力式を新たに案出し，各種合成指針より適用範囲を拡大している.

b）孔あき鋼板ジベルの設計

孔あき鋼板ジベルの耐荷機構に関して，解図1.1.5(a)に孔あき鋼板ジベルと周囲の構成要素を，解図1.1.5(b)に抵抗機構の概要を示す．孔あき鋼板ジベルにおけるジベル孔部のコンクリートの耐荷機構は，ジベル孔部分に充填された内部コンクリートとそれより外側のコンクリートとの間にせん断ひび割れが発生し，その後，ひび割れ面がずれ，骨材のかみ合わせ等によって，周囲のコンクリートを押し広げようとする力が生じるが，これに対して，広がることを拘束する力があれば，耐力上昇すると考えられている．そこで，ジベル孔部のコンクリートの終局耐力に関して，本指針では，せん断ひび割れ以後，上述の広がることを拘束する力がなければせん断ひび割れ耐力となるが，拘束力が働けば耐力上昇が見込まれるので，せん断ひび割れ耐力を基準にし，解図1.1.5に示す貫通鉄筋やジベル鋼板上部のコンクリートかぶり部の拘束応力による耐力上昇について，既往の実験資料に基づき求めた評価式にとしている．なお，孔あき鋼板ジベルは土木分野で多用されているが，建築構造物への適用に際しては，土木構造に比較して，応力を伝達する接合部が狭小である

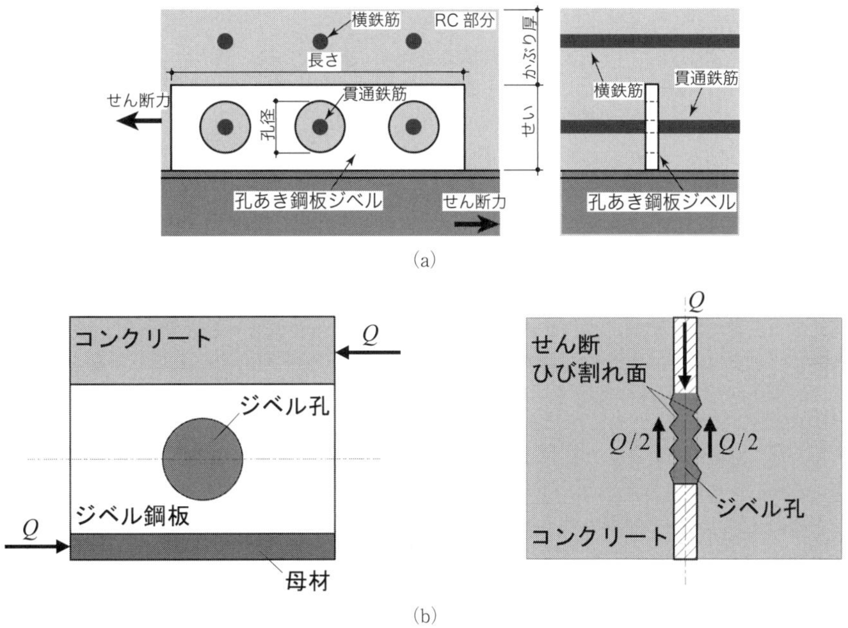

(b)

解図1.1.5　孔あき鋼板ジベルの機構

ため，ジベル孔内の貫通鉄筋やジベル鋼板上部のコンクリートかぶり部の拘束応力による耐力上昇を的確に評価し，ずれ止めの性能が十分に発揮されるように設計する必要がある．本指針の孔あき鋼板ジベルの終局耐力式は，貫通鉄筋およびコンクリートかぶり部の拘束応力による耐力上昇を考慮したジベル孔部のコンクリートのせん断抵抗による終局耐力と，ジベル鋼板表面とコンクリートとの摩擦・付着耐力の和を孔あき鋼板ジベル接合部の終局耐力とする．本指針では，孔あき鋼板ジベルに関して，かかる単一のジベル孔を対象とした終局せん断耐力式に基づき，現実の建築物への適用における複数孔のジベル孔板の並列配置等を対象としたディテールに対する耐力評価法を提示する．

【参 考 文 献】

1.1.1）日本建築学会：合成構造設計規準，2014

1.1.2）日本建築学会：構造用教材，1995

1.1.3）佐藤邦昭，中山克己：特集／コンクリートと合成構造・設計事例（1）SRC 柱＋S ばり，コンクリート工学，Vol.21，No.12，pp.35-38，1983.12

1.1.4）村井義則：RC 部材と S 部材の組合せ，コンクリート工学，Vol.33，No.1，pp.44-49，1995.1

1.1.5）Leonhardt, F., Andrä, W., Andrä, H. P. and Harre, W.: Neues, vorteilhaftes Verbundmittel fur Stahlverbund-Tragwerke mit hoher Dauerfestigkeit, Beton und Stahlbetonbau, 82 Heft 12, pp.325-331, 1987.12

1.1.6）土木学会：複合構造ずれ止めの抵抗機構の解明への挑戦，複合構造レポート 10，2014

1.1.7）土木学会：2014 年度制定　複合構造標準示方書［原則編・設計編］，2015

1.1.8）土木学会：鋼・コンクリート合成構造の設計ガイドライン，構造工学シリーズ 3，pp.85-94，1989

1.1.9）鬼頭宏明，園田恵一郎：鋼・コンクリート複合構造，森北出版，2008

1.1.10）日本建築学会構造委員会：構造関係規準・指針の将来検討 WG 報告書「構造設計規準等の基本原則 2007（案）」，2007.12

1.1.11）日本建築学会：鉄骨鉄筋コンクリート構造計算規準・同解説　許容応力度設計と保有水平耐力，2014

1.1.12）日本建築学会：コンクリート充填鋼管構造設計施工指針，2008

1.1.13）日本建築学会：鉄筋コンクリート柱・鉄骨梁混合構造設計指針，2021

1.1.14）日本建築学会：各種合成構造設計指針・同解説，2010

1.1.15）J. G. Ollgaard, R. G. Slutter and J. W. Fisher: Shear Strength of Stud Connectors in Light-Weight and Normal-Weight Concrete, AISC., Eng. J., 1971.4

1.2　構造設計の基本

（1）　終局耐力設計では，機械的ずれ止めの終局耐力によって，ずれ止めが設置されている構造部材が終局状態に至らないように，機械的ずれ止めの耐力は，構造部材の耐力を十分に上回るように設計する．

（2）　機械的ずれ止めの許容耐力は，作用する荷重に応じて長期許容耐力と短期許容耐力を設定する．

（3）　機械的ずれ止め接合部において，頭付きスタッドと孔あき鋼板ジベルの混合適用は行わない．

（4）　本指針は，機械的ずれ止めに作用するせん断力を対象としたものであり，機械的ずれ止めの耐力に影響するずれ止め周囲の鉄筋コンクリート部分において，部材応力等その他の応力が大きく，機械的ずれ止めのせん断耐力に影響されると考えられる場合は，適用範囲外とする．機械的ずれ止め周辺のコンクリートは，十分な耐力を発揮させるため，応力状態を考慮して，鉄筋等で拘束を施すとともに，確実に充填する．

（1）　本指針で規定している頭付きスタッドおよび孔あき鋼板ジベルの機械的ずれ止めは，材料間あるいは部材間の応力伝達が主な働きであるとともに，現状，これらの機械的ずれ止めについて，最大耐力以降の耐力劣化性状等の弾塑性性状の評価法が確立されておらず，変形性能が評価できないことから，機械的ずれ止めの終局耐力によって，ずれ止めが設置されている構造部材が終局状態に至らないように，機械的ずれ止めの耐力は，構造部材の耐力を十分に上回るように設計する．

よって，本指針では，各種機械的ずれ止めに関して，構造性能評価として，耐力評価のみ提示する．

（2） 許容耐力設計においても，終局耐力設計と同様に，作用荷重に対して，機械的ずれ止めが先行して各許容耐力に達しないように設計する．

（3） 柔な機械的ずれ止めの頭付きスタッドと剛な機械的ずれ止めの孔あき鋼板ジベルでは，せん断力－ずれ変形関係が異なり，各耐力が発揮されるずれ変形レベルが異なるため，両者の単純な耐力の累加では，混合された機械的ずれ止めの耐力を評価できないため，混合適用を対象外とした．

（4） 本指針に提示している耐力評価式は，機械的ずれ止めとその周囲のRC部分からなる機械的ずれ止め要素の試験に基づき構築されたもので，機械的ずれ止めに作用するせん断力のみを対象としたものである．適用部位において，塑性化が予想されるなど，その他の応力が大きく，機械的ずれ止めのせん断耐力に影響されると考えられる場合は，適用範囲外とした．具体的なこのような応力状態となる部位としては，梁材および柱材の材端部の大きな曲げ応力が生じる部分，柱梁接合部パネルの大きなせん断応力が生じる部分およびその接合部周囲の部分などが考えられる．現状，複合応力下の機械的ずれ止めの性状が未解明なため，別途調査，実験等によって検討する必要がある．なお，頭付きスタッドを用いた合成梁や耐震壁の増設のように，既往の実験資料等が蓄積され，複合応力下の機械的ずれ止めの性状が解明されている部材に関しては，適用可能である．

また，建築分野での機械的ずれ止めは，土木分野に比較し，狭小な部分への適用になることが多いと考えられるので，機械的ずれ止め周辺のコンクリートは，ずれ止めの耐力が十分発揮できるように，鉄筋等で拘束することを基本とした．狭小な部分への適用においては，機械的ずれ止めを囲む閉鎖形となる配筋が必要となり，ある程度コンクリート容積のある部分では，想定される応力状態，ひび割れ等を考慮して適切に配筋する必要がある．具体的な機械的ずれ止め周囲のコンクリートを拘束する配筋として，頭付きスタッドの適用においては，付図2.3.1に示すように，頭付きスタッドを取り囲む閉鎖状の配筋を施し，コンクリートを拘束している．他方，孔あき鋼板ジベルの場合は，付図2.3.1の頭付きスタッドのように，機械的ずれ止めが接合される鋼材上部のRC部分のみの閉鎖形配筋はジベル鋼板が閉鎖形配筋と干渉するので適用しづらいが，接合鋼材も含め孔あき鋼板ジベルを拘束する閉鎖形配筋等も有効と考えられる．なお，孔あき鋼板ジベルでは，解図1.1.5に示すジベル鋼板上部の横鉄筋もコンクリートの拘束に有効である．

1.3 用語の定義と記号

1.3.1 用　　語

接合部	：異種の部材や材料の接合要素の総称（本指針では，鋼とコンクリートによって構成される部分を対象）

機械的ずれ止め	：鋼とコンクリートの接触面のずれを拘束してせん断力を伝達するための接合要素
多数回繰返し荷重	：疲労強度に影響する繰返し荷重
衝撃荷重	：衝突による荷重
頭付きスタッド	：頭付きの短い鋼棒で，JIS B 1198 に規定される機械的ずれ止め
孔あき鋼板ジベル	：円孔（ジベル孔という）を有する鋼帯板（ジベル鋼板という）を母材に溶接して，円孔に充填されたコンクリートのせん断抵抗に期待する機械的ずれ止め〔解図 1.1.2(b)等参照〕
コンクリートスラブ	：板状のコンクリートのことで，ここでは主に床スラブのことを指す
コンクリートかぶり部	：ジベル鋼板の上端からコンクリート表面までの鉄筋コンクリート部分
母材	：頭付きスタッドあるいは孔あき鋼板ジベルが溶接される鋼材
へりあき	：頭付きスタッドの中心からせん断力の作用方向と直交する方向のコンクリートの縁端までの最小距離〔図 3.4.1 参照〕
はしあき	：頭付きスタッドの中心からせん断力の作用方向のコンクリートの縁端までの最小距離〔図 3.4.1 参照〕
貫通鉄筋	：ジベル孔を貫通して配置される鉄筋
横鉄筋	：孔あき鋼板ジベルに作用するせん断力の方向に対して直交方向に配置される鉄筋
拘束力	：ジベル孔部に充填されるコンクリートとそれより外側のコンクリートの間に生じたせん断ひび割れ面がずれると，骨材のかみ合わせ等によって周囲のコンクリートを押し広げようとする力が生じ，それを拘束するようにジベル孔部に垂直に作用する力（孔あき鋼板ジベルに対するコンクリートかぶり部および貫通鉄筋による拘束力をいう）
拘束応力度	：拘束力を拘束の有効面積で除すことによって算定される応力度
摩擦・付着耐力	：拘束応力度の影響が考慮されるジベル鋼板とコンクリートの間のずれに対する強さ
曲げひび割れ強度	：孔あき鋼板ジベルに対するコンクリートかぶり部に曲げひび割れが発生するときの垂直応力度
ピッチ	：せん断力が作用する方向の頭付きスタッドの中心間距離
ゲージ	：せん断力が作用する方向と直交する方向の頭付きスタッドの中心間距離
せん断ひび割れ強度	：ジベル孔部分に充填されるコンクリートとそれより外側のコンクリートの間にせん断ひび割れが発生するときのせん断応力度
長期許容耐力	：常時作用する荷重に対して機械的ずれ止めに期待する強さ
短期許容耐力	：地震時などに短期的に接合部に作用する荷重に対して機械的ずれ止めに期待する強さ
終局耐力	：機械的ずれ止めが保有する最大の強さ
最大耐力	：構造物やその部材が外力を受けて機械的ずれ止めが破壊に至るまでに耐えうる最大の強さ
耐力低減係数	：機械的ずれ止めの終局耐力の算定に用いる低減係数

1.3.2　記　　号

${}_{c}A$：ジベル孔 1 個あたりにおける孔内のコンクリートの断面積（mm^2）
A_b：拘束力が作用するジベル鋼板部分の有効面積（mm^2）
A_n：ジベル孔 1 個あたりの有効なコンクリートかぶり部の等価断面積（mm^2）
A_p：拘束力が作用する部分の有効面積（mm^2）
A_s：ジベル鋼板の側面とコンクリートの接触面積（mm^2）
${}_{hs}a$：頭付きスタッド 1 本あたりの軸部断面積（mm^2）
${}_{pr}a$：貫通鉄筋の断面積（mm^2）
${}_{r}a$：コンクリートかぶり部の有効幅および有効せい内に配置される横鉄筋の断面積（mm^2）〔図 4.2.2 参照〕

${}_{r}a_1$：ジベル孔１個あたりの有効幅 ${}_{e}B$ 内に配置される横鉄筋の断面積（mm²）であり，${}_{r}a_1 = {}_{r}a/{}_{h}n$
${}_{e}B$：ジベル孔１個あたりのコンクリートかぶり部の有効幅（mm）
b：ジベル鋼板の板厚の中心からコンクリートの縁端までの最小距離（mm）〔図 4.2.3 参照〕
${}_{ps}c$：ジベル鋼板の側面からコンクリート側面までの距離（側面かぶり厚さ）(mm)〔図 4.4.1 参照〕
${}_{pr}d_b$：貫通鉄筋の呼び名に用いた数値（mm）
${}_{hs}d$：頭付きスタッドの呼び名の数値，または軸径（mm）
${}_{ps}d$：ジベル孔の直径（mm）
${}_{c}E$：コンクリートのヤング係数（N/mm²）で，表 2.2.1 による
${}_{s}E$：横鉄筋のヤング係数（N/mm²）で，表 2.2.1 による
F：鋼材の基準強度（N/mm²）
F_c：コンクリートの設計基準強度（N/mm²）
F_y：ジベル鋼板の材料強度（N/mm²）
f_b：コンクリートの付着割裂の基準となる強度で，(F_c/40＋0.9）を用いる（N/mm²）
${}_{d}h$：ジベル孔の中心からジベル鋼板の上端までの距離（mm）〔図 4.2.1 参照〕
${}_{rc}h$：コンクリートかぶり部のせい（mm）〔図 4.2.2，4.2.3 参照〕
${}_{ps}h$：ジベル鋼板のせい（mm）
${}_{rc}h_e$：コンクリートかぶり部の有効せい（mm）〔図 4.2.1～4.2.3 参照〕
I_n：ジベル孔１個あたりの有効なコンクリートかぶり部の中立軸に関する等価断面二次モーメント（mm⁴）
${}_{hs}L$：頭付きスタッドの呼び長さ（mm）
${}_{ps}l$：ジベル鋼板の長さ（mm）〔図 4.4.1 参照〕
n：ヤング係数比
${}_{h}n$：ジベル鋼板１枚あたりの孔数
${}_{hs}n$：頭付きスタッドの本数
${}_{p}n$：ジベル鋼板の並列配置数
${}_{rc}P_r$：コンクリートかぶり部による拘束力(N)
${}_{ps}p$：隣り合うジベル孔の中心間距離（mm）
Q_{dAL}：長期荷重時の接合部に作用する設計用せん断力（N）
Q_{dAS}：短期荷重時の接合部に作用する設計用せん断力（N）
Q_{dU}：終局時の接合部に作用する設計用せん断力（N）
${}_{ps}q_{AL}$：孔あき鋼板ジベルのジベル孔１個あたりの長期許容耐力（N）
${}_{ps}Q_{AS}$：孔あき鋼板ジベルの短期許容耐力（N）
${}_{ps}Q_U$：孔あき鋼板ジベルの終局せん断耐力（N）
${}_{hs}q_{AL}$：頭付きスタッド１本あたりの長期許容耐力（N）
${}_{hs}q_{AS}$：頭付きスタッド１本あたりの短期許容耐力（N）
${}_{hs}q_u$：頭付きスタッド１本あたりの終局せん断耐力（N）
${}_{ps}q_b$：ジベル鋼板とコンクリートの摩擦・付着耐力（N）
${}_{ps}q_c$：ジベル孔内のコンクリートのせん断ひび割れ耐力（N）
${}_{ps}q_{cu}$：ジベル孔１個あたりのコンクリートの終局せん断耐力（N）
${}_{s}q_y$：隣り合うジベル孔間のジベル鋼板部における降伏せん断耐力（N）
${}_{ps}R$：ジベル孔の中心からジベル鋼板の縁端までの距離（mm）
r_e：有効なコンクリートかぶり部の表面から横鉄筋の重心までの距離（mm）〔図 4.2.1～4.2.3 参照〕
${}_{ps}s$：孔あき鋼板ジベルを複数列平行に配置する場合のジベル鋼板の中心間距離（mm）〔図 4.4.1 参照〕
${}_{ps}t$：ジベル鋼板の厚さ（mm）
y_G：有効なコンクリートかぶり部の等価断面の図心から表面までの距離（mm）
${}_{ps}\alpha$：耐力上昇率
${}_{ps}\beta$：耐力補正倍率
${}_{hs}\phi$：頭付きスタッドの終局せん断耐力の算定に用いる耐力低減係数（＝0.85）
${}_{ps}\phi$：孔あき鋼板ジベルの終局せん断耐力の算定に用いる耐力低減係数（＝0.90）

$_c\gamma$：コンクリートの気乾単位体積重量（kN/m^3）
σ_n：コンクリートかぶり部および貫通鉄筋の拘束力による耐力上昇率の算定に用いる拘束応力度（N/mm^2）
$_c\sigma_b$：コンクリートかぶり部の曲げひび割れ強度（N/mm^2）
$_{pr}\sigma_r$：貫通鉄筋による拘束応力度（N/mm^2）
$_{pr}\sigma_y$：貫通鉄筋の材料強度で，295（N/mm^2）とする
$_{rc}\sigma_r$：コンクリートかぶり部による拘束応力度（N/mm^2）
$_c\tau_c$：コンクリートのせん断ひび割れ強度（N/mm^2）

2章 材　　料

2.1 材料の品質と種別

2.1.1 ジベル鋼板

孔あき鋼板ジベルに使用する鋼材は，以下に示すJIS規格品またはJIS規格同等品とする．
JIS G 3101（一般構造用圧延鋼材）SS400
JIS G 3136（建築構造用圧延鋼材）SN400A,B,C，SN490B,C
JIS G 3106（溶接構造用圧延鋼材）SM400A,B,C，SM490A,B,C，SM490YA,YB

ここでは，孔あき鋼板ジベルに使用する鋼材を示している．ジベル鋼板と母材の溶接を隅肉溶接とする場合はSS400材，SN400A材を使用することも可能であるが，突合せ溶接とする場合はこの2種類以外の鋼材とする．母材は，ここに示している他に日本産業規格（JIS）に適合するもの，あるいは国土交通大臣より材料の品質に関する認定を取得し，かつ強度の指定を受けた鋼材を使用することができる．

2.1.2 鉄　　筋

孔あき鋼板ジベルの貫通鉄筋および孔あき鋼板ジベルのコンクリートかぶり部分に配される横鉄筋には，JIS G 3112（鉄筋コンクリート用棒鋼）に定められた異形鉄筋を使用する．使用する鉄筋の呼び名はD10～D22とする．

ここでは，孔あき鋼板ジベルの貫通鉄筋およびコンクリートかぶり部分に配される横鉄筋に使用する鉄筋を示している．コンクリートかぶり部分に配筋される他の鉄筋については，その部材を設計する際に用いる基規準の規定による．

2.1.3 頭付きスタッド

頭付きスタッドはJIS B 1198に規定されるものを使用する．呼び名（${}_{hs}d$）は10～25 mmとする．頭付きスタッドの材料は，圧延したシリコンキルド鋼またはアルミキルド鋼とする．

頭付きスタッドの代表的な呼び長さ（${}_{hs}L$）を解表2.1.1に示す．過去の頭付きスタッドを用いた押抜き試験の実験研究より，本指針では，${}_{hs}L/{}_{hs}d \geqq 3.5$の頭付きスタッドを適用範囲とする．なお，呼び長さとは，溶接後の長さである．

頭付きスタッドの形状を解図2.1.1，各部の寸法を解表2.1.2，機械的性質を解表2.1.3に示す．これらはJIS B 1198で規定されているものである．頭付きスタッドの降伏耐力と引張強さは，ずれ止め耐力の計算では直接使用しない．しかし，頭付きスタッドは降伏した後の変形能力が重要なため，十分な塑性変形ができるものを使用する必要がある．

シリコンキルド鋼およびアルミキルド鋼は，溶鋼中に含まれる酸素をシリコンやアルミニウムと

解表 2.1.1　頭付きスタッドの代表的な呼び長さ

呼び名　$_{hs}d$	呼び長さ　$_{hs}L$ (mm)
10	50,80,100
13	80,100,120
16	
19	80,100,130,150
22	
25	120,150,170

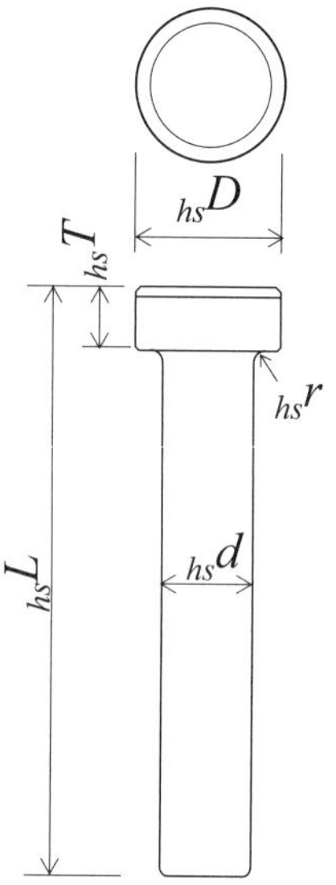

解図 2.1.1　頭付きスタッドの形状

解表 2.1.2　頭付きスタッドの各部の寸法

呼び名	軸径 $_{hs}d$(mm)	頭部直径 $_{hs}D$(mm)	頭部厚 $_{hs}T$(mm)	首下の丸み $_{hs}r$(mm)
10	10	19	7	1.5
13	13	25	8	1.5
16	16	29	8	2.5
19	19	32	10	2.5
22	22	35	10	3
25	25	41	12	3

解表 2.1.3　頭付きスタッドの機械的性質

降伏点または 0.2 %耐力 (N/mm^2)	引張強さ (N/mm^2)	伸び (%)
235 以上	400～550	20 以上

いった脱酸剤を用いて除去したものであり，内部に気泡がなく比較的均質な材料である．これらはSM400 材の化学成分に近いものであり，溶接性の高い材料である．

頭付きスタッドは，専用のスタッド溶接ガンを用い，母材との間に電流を瞬間的に流しアーク溶接により母材に接合される．頭付きスタッドの溶接は「建築工事標準仕様書　JASS6　鉄骨工事」[2.1.1)]（以下，JASS6 という）および「鉄骨工事技術指針・工事現場施工編」[2.1.2)] に従うとともに，スタッド溶接技術検定試験に合格した A 級，B 級，または F 級の資格を有する者が施工する．

なお，スタッド溶接された母材は，特にスタッド溶接側を外側にして曲げた場合は，延性が低下するとされている[2.1.3)]．490 N/mm^2 級または 520 N/mm^2 級の鋼材で板厚が大きく，かつ塑性変形を期待する部位に使用する場合は，注意が必要である．

2.1.4　コンクリート

（1）　使用するコンクリートは普通コンクリートとし，その設計基準強度は 21（N/mm^2）以上，かつ 60（N/mm^2）以下とする．
（2）　コンクリートに使用する材料およびコンクリートの品質は「建築工事標準仕様書・同解説　JASS5　鉄筋コンクリート工事」[2.1.4)] による．

使用するコンクリート強度の範囲は，過去の実験研究のデータベースから設定した．頭付きスタッドを用いた接合部の実験は解表 3.2.1 に示すように 18.2～79.7 N/mm^2 のコンクリート，摩擦・付着応力度に関する実験は解表 4.2.1 に示すように 23.4～64.1 N/mm^2，孔あき鋼板ジベルを用いた接合部の実験は解表 4.2.2 に示すように 24.9～165 N/mm^2 である．コンクリートは，高強度になると設計基準強度の増加と比較して引張強度の増加の割合は低くなり，その差が広がると予期せぬ破壊形式となる可能性がある．よって，一般的に使われる 21～60 N/mm^2 を適用範囲とし，設計基準強度が 60 N/mm^2 を超えるコンクリートは，対象外とした．

軽量コンクリートやモルタルを用いた頭付きスタッドの実験研究はあるが，軽量コンクリートはその比重によって性能が大きく変化し，普通コンクリートと比較して同じ圧縮強度でもヤング係数や引張強度が低いという特徴がある．また耐震改修において，頭付きスタッドを用いた接合部のあと打ち部分にモルタルを使用する場合があるが，モルタルは設計基準強度が定義されておらず，ヤング係数もコンクリートより低い．さらに孔あき鋼板ジベルを用いた場合は，孔内の粗骨材の有無が耐力に及ぼす影響が大きい．よって，本指針では，軽量コンクリートとモルタルは適用範囲外とした．

2.1.5　溶 接 材 料

ジベル鋼板を母材に溶接する際に使用する溶接材料は，以下に示す規格のものとする．
JIS Z 3183　炭素鋼及び低合金鋼用サブマージアーク溶着金属の品質区分
JIS Z 3211　軟鋼，高張力鋼及び低温用鋼用被覆アーク溶接棒
JIS Z 3312　軟鋼，高張力鋼及び低温用鋼用のマグ溶接及びミグ溶接ソリッドワイヤ
JIS Z 3313　軟鋼，高張力鋼及び低温用鋼用アーク溶接フラックス入りワイヤ

溶接材料は，孔あき鋼板ジベルおよび母材に適したものを使用する．溶接作業は JASS6 [2.1.1] による．

2.2　材料の定数

使用する材料の主な定数を表 2.2.1 に示す．

表 2.2.1　使用材料の主な定数

材料	ヤング係数 (N/mm^2)	ポアソン比	線膨張係数 (1/℃)
鋼材	2.05×10^5	0.3	1×10^{-5}
鉄筋			
コンクリート	$33500\times({}_c\gamma/24)^2\times(F_c/60)^{1/3}$	0.2	1×10^{-5}

$F_c\leqq36$　${}_c\gamma=23.0$ (kN/m^3)，$36<F_c\leqq48$　${}_c\gamma=23.5$ (kN/m^3)，$48<F_c\leqq60$　${}_c\gamma=24.0$ (kN/m^3)
ここで，${}_c\gamma$：コンクリートの気乾単位体積重量 (kN/m^3)
F_c：コンクリートの設計基準強度 (N/mm^2)

異形鉄筋は，公称断面積を用いて算出した応力度に基づいてヤング係数を算出すると表 2.2.1 の数字より小さくなる傾向があるが，本会「鉄骨鉄筋コンクリート構造計算規準・同解説」[2.2.1] にならい，鋼材と同じ値とした．他の材料の定数も同規準と同じ値とした．

2.3　材料強度

2.3.1　ジベル鋼板の材料強度

孔あき鋼板ジベルに用いる鋼材の材料強度は，基準強度 F 値とする．F 値は表 2.3.1 に示すとおりとする．

表 2.3.1　鋼材の F 値

鋼材種別	SS400	SN490B，C
	SN400A，B，C	SM490A，B，C
	SM400A，B，C	SM490YA，YB
F 値(N/mm^2)	235	325

ここでは，ジベル鋼板の材料強度を示している．孔あき鋼板ジベルに用いる鋼板の厚さは，構造細則で 22 mm 以下としている．よって，F 値は 40 mm 以下の鋼材に適用する値とした．頭付きスタッドおよび孔あき鋼板ジベル等のずれ止めが溶接される母材の材料強度は，その母材を設計する際に用いる基・規準による．なお，ジベル鋼板よりも母材の材料強度が小さい場合は，母材の材料強度を用いて設計する．

2.3.2　鉄筋の材料強度

孔あき鋼板ジベルに配される貫通鉄筋の材料強度は，295（N/mm^2）とする．

ここでは，孔あき鋼板ジベルの貫通鉄筋に使用する鉄筋の材料強度を定義している．現在までに報告されている実験研究では貫通鉄筋に SD345 材を使用されている例もあるが，本指針の終局耐力式では材料強度を 2/3 倍して拘束応力度を算出することを鑑み，材料強度は鉄筋の種類にかかわらず JIS G 3112 に定められた異形鉄筋のうち，最も材料強度の小さい 295 N/mm^2 とした．コンクリートかぶり部分に配筋される横鉄筋は，その材料強度が陽な形で耐力評価に使われていないので，ここでは定義していない．

2.3.3　コンクリートの材料強度

コンクリートの材料強度は，設計基準強度 F_c（N/mm^2）とする．

本指針では，耐力計算においてコンクリートの材料強度を使用する場合は，設計基準強度 F_c を用いる．

【参 考 文 献】

2.1.1)　日本建築学会：建築工事標準仕様書　JASS6　鉄骨工事，2018
2.1.2)　日本建築学会：鉄骨工事技術指針・工事現場施工編，2018
2.1.3)　初瀬隆司，長尾直治，尾形素臣，谷口徹，中辻照幸：厚板高張力鋼に対するスタッド溶接の影響について，日本建築学会大会学術講演梗概集，構造，pp.1477-1478，1983.3
2.1.4)　日本建築学会：建築工事標準仕様書・同解説　JASS5　鉄筋コンクリート工事，2018
2.2.1)　日本建築学会：鉄骨鉄筋コンクリート構造設計規準・同解説—許容応力度設計と保有水平耐力—，2014

3章　頭付きスタッド

3.1　適用範囲

（1）　本章の規定は，鋼とコンクリートの接触面の応力を伝達する頭付きスタッドを対象として，終局耐力および許容耐力による接合部の耐力計算に適用する．
（2）　疲労強度に影響を与えるような多数回繰返し荷重または大きな衝撃荷重の作用する箇所には使用しない．
（3）　許容耐力設計を行う場合は，頭付きスタッドの頭部から軸方向にコンクリートを打設することを原則とする．
（4）　コンクリートスラブに用いる場合は，等厚のみとする．
（5）　接合部を設計する際は，部材の応力状態や応力伝達を適切に把握して頭付きスタッドの必要本数を決定する．

（1）　頭付きスタッドは，合成梁において鉄骨梁と鉄筋コンクリートスラブあるいはデッキプレートを用いたスラブの接合に用いられてきた．また，耐震補強において，RC 造躯体に鉄骨ブレースを取り付ける場合にも用いられている．1 章の総則で述べたように，鋼・コンクリート合成構造の多様化が進み，今後もさまざまな合成構造が開発され，鉄骨と鉄筋コンクリートの接合要素として頭付きスタッドが用いられる機会も増えると考えられる．

本会「各種合成構造設計指針」[3.1.1)]において，合成梁の設計の中で頭付きスタッド 1 本あたりの終局せん断耐力の評価式が示されている．この評価式は Fisher によって提案された実験式[3.1.2)]に基づくものであり，これまで合成梁の設計のほか，この式を引用する形でその他の構造部位の頭付きスタッドの耐力評価に使用されることもあった．本章では，呼び名 25 の頭付きスタッドを用いた場合などの押抜き試験の結果[3.1.3)～3.1.7)]も含めて検討を行い[3.1.8)]，実験値との対応がより良好で，頭付きスタッド径長比の影響を考慮できる頭付きスタッド 1 本あたりの終局せん断耐力評価式を用いる．この評価式を基本として終局耐力設計，許容耐力設計の検定式を提示する．

（2）　疲労強度に影響を与えるような多数回繰返し荷重または衝撃荷重に対する研究例は，建築分野ではほとんど見られない．これらの荷重に対する設計方法は今後の課題であり，本指針では，疲労強度に影響を与えるような多数回繰返し荷重あるいは衝撃荷重が作用する接合部へ頭付きスタッドを使用する場合は適用範囲外とした．なお，一般的な地震動によって生じる繰返し荷重は，疲労強度に影響を与えるような多数回繰返し荷重ではないと考えている．

（3）　コンクリートの打設方向〔解図 3.1.1[3.1.9)]参照〕が，せん断耐力や，せん断力－ずれ変位関係における剛性に影響を及ぼすことが知られている．これは，コンクリートのブリージングによってコンクリートの沈下が生じ，例えば鉄筋コンクリート造では，梁上端主筋の下側に空隙が生じることで主筋の付着強度が低下することが知られているように，頭付きスタッドでも同様な現象が生じることによる．

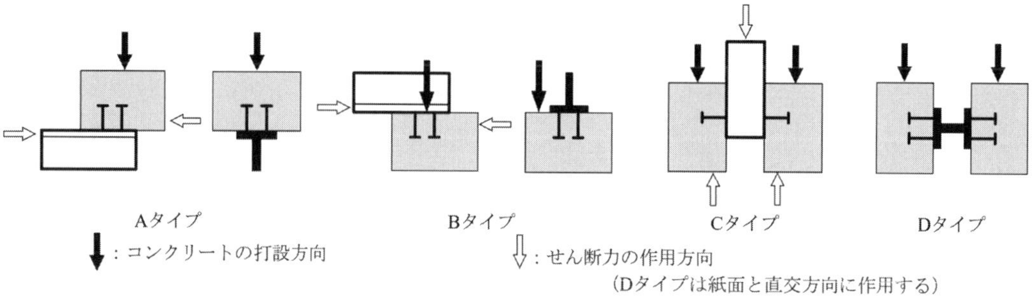

A タイプ：コンクリートのブリージングは頭付きスタッド頭部下面に発生する．
B タイプ：鉄骨のフランジ面にコンクリートのブリージングが発生する．
C タイプ：コンクリートのブリージングはスタッド軸部の下面に沿って発生する．頭付きスタッドに作用するせん断力の方向が下側から上向きに作用するので，ブリージングの発生した面が頭付きスタッドの支圧面となる．
D タイプ：ブリージングは頭付きスタッド軸部の下面に起こる．しかし，せん断力の作用面は C タイプの場合と違い，ブリージング発生面と 90° ずれている．

解図 3.1.1 頭付きスタッドの軸方向に対するコンクリートの打設方向[3.1.9)]

コンクリートの打設方向の影響について，文献 3.1.10）では，解図 3.1.1 に示す B タイプの試験体は A タイプと比較して，押抜き試験における最大耐力（終局せん断耐力）は約 20 %ほど低下し，C タイプ，D タイプの場合は，A タイプと B タイプの中間程度になること，C タイプの弾性範囲内での相対ずれおよび残留ずれは他のタイプに比べてかなり大きく表れる一方，終局状態では，B タイプの相対ずれおよび残留ずれが他のタイプに比べてかなり大きく表れることが示されている．文献 3.1.11）では，打設方向は，頭付きスタッドの有無にかかわらず剛性に大きな影響を及ぼすことや，ずれ変位量の簡易評価式が示されている．

頭付きスタッドは，解図 1.1.3 で示したように比較的柔なずれ止めであり，ずれ変位についても考慮する必要がある．長期許容耐力時は初期の剛性の影響が大きく，短期許容耐力時は除荷後の残留変形で部材の評価が決定されるため，許容耐力にはコンクリートの打設方向が影響すると考えられる．よって，許容耐力設計を行う際のコンクリートの打設方向は，ブリージングの影響が少ない頭付きスタッドの頭部から軸方向にコンクリートを打設すること（A タイプ）を原則とする．頭付きスタッドの根元方向から軸方向にコンクリートを打設する場合（B タイプ）や頭付きスタッドの軸と直交する方向からコンクリートを打設する場合（C タイプ，D タイプ）は，ブリージングの影響が少ないコンクリート，例えば水セメント比が小さい高強度コンクリートや高流動コンクリートを使用するほか，実験により剛性や残留変形に影響を及ぼさないことを確認することが望ましい．

（4） 頭付きスタッドのせん断耐力は，周辺の RC 部材の状況によって大きな影響を受ける．例えば，解図 3.1.2 に示すようなハンチ付きスラブは，等厚スラブの場合よりせん断耐力が低下するこ

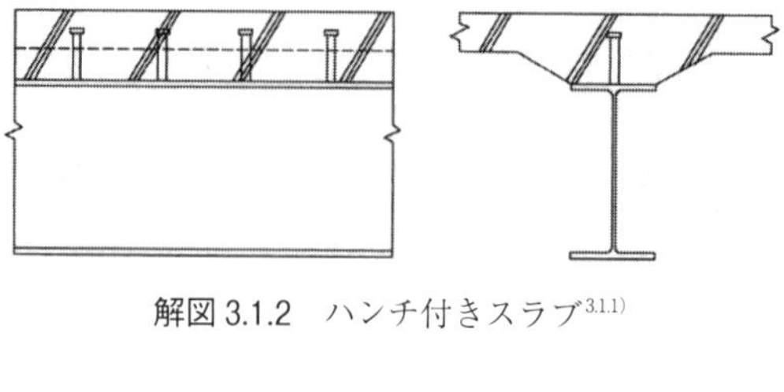

解図 3.1.2 ハンチ付きスラブ[3.1.1)]

とがわかっている[3.1.1)]. 現時点では，スラブ形状が変断面となっている場合の頭付きスタッドの耐力に関する知見が少なく，定量的な評価ができる状況ではないこともあり，本指針では適用範囲外とした.

（5） 3.2 節では，終局耐力設計として，頭付きスタッド 1 本あたりの終局せん断耐力式を示し，その式より得られた終局耐力を本数倍したものに耐力低減係数を乗じたものが，接合部に作用する設計用せん断力を上回ることを確認する検定式を示している. 許容耐力設計の場合は，頭付きスタッド 1 本あたりの許容耐力を本数倍したものが，接合部に作用する設計用せん断力を上回ることを確認する検定式を示している. しかしながら，頭付きスタッドは複数本で用いられることが一般的であり，その場合，すべての頭付きスタッドに均等なせん断力が作用するとは限らないので，接合部の設計を行う際は，部材の応力状態や応力伝達を考慮した上で頭付きスタッドの本数を決める必要がある. これは，終局耐力設計，許容耐力設計いずれの場合も必要となる判断であり，終局耐力については，3.2 節の解説（6）で設計上の留意点を示している.

【参 考 文 献】

3.1.1) 日本建築学会：各種合成構造設計指針・同解説，2010

3.1.2) Jorgen G. Ollgaard, Roger G. Slutter, John W. Fisher: Shear Strength of Stud Connectors in Lightweight and Normal-Weight Concrete, AISC Engineering Journal, 1971.4

3.1.3) 加納和麻，田川泰久，山口千尋：デッキプレートを用いた合成梁における頭付きスタッドの押抜き試験：太径スタッドのせん断耐力評価に関する一提案　その 1，その 2，日本建築学会大会学術講演梗概集，構造Ⅲ，pp.899-902，2014.9

3.1.4) 大谷恭弘，石川孝重，渡部健太，佐々木一明，稲本晃士，内海祥人：太径 φ25 頭付きスタッドの押抜きせん断実験と強度評価，日本建築学会大会学術講演梗概集，構造Ⅲ，pp.1375-1376，2014.9

3.1.5) 田川泰久，加納和麻，山口千尋，今村しおり：デッキプレートを用いた合成梁における太径スタッドの実験的研究　押し抜き試験と小梁曲げ試験の相関　その 1，その 2，日本建築学会大会学術講演梗概集，構造Ⅲ，pp.911-914，2015.9

3.1.6) 田川泰久，堀田洋志，中楚洋介，浅田勇人：デッキプレートを用いた合成梁における頭付きスタッドの押抜き試験　太径スタッドの配置と突出長さの力学的性状への影響　その 1，その 2，日本建築学会大会学術講演梗概集，構造Ⅲ，pp.855-858，2012.9

3.1.7) 堀田洋志，田川泰久，加納和麻：デッキプレートを用いた合成梁における頭付きスタッドの押抜き試験　太径スタッドの突出長さによる変形状態への影響　その 1，その 2，日本建築学会大会学術講演梗概集，構造Ⅲ，pp.1181-1184，2013.8

3.1.8) 島田侑子，福元敏之，城戸將江，鈴木英之，馬場望，田中照久：補正係数による頭付きスタッドの終局せん断耐力式の提案，日本建築学会構造系論文集，Vol. 83，No.750，pp.1205-1215，2018.8

3.1.9) 土木学会：2014 年制定　複合構造標準示方書　設計編，2015

3.1.10) 日本鋼構造協会：頭付きスタッドの押抜き試験方法（案）とスタッドに関する研究の現状，JSSC テクニカルレポート No.35，1996.11

3.1.11) 池田尚治，大町武司，森章，山口隆裕：スタッドジベルによる鋼材とコンクリートとの応力伝達について，第 3 回コンクリート工学年次講演会講演論文集，pp.321-324，1981

3.2　終局耐力設計

（1）　頭付きスタッドによる鋼・コンクリート接合部の設計

頭付きスタッドの終局せん断耐力 ${}_{hs}q_u$ は，(3.2.1)式を満足するものとする.

$$ {}_{hs}n \cdot {}_{hs}\phi \cdot {}_{hs}q_u \geqq Q_{dU} \qquad (3.2.1)$$

$_{hs}n$ ：頭付きスタッドの本数
$_{hs}\phi$ ：耐力低減係数（＝0.85）
$_{hs}q_u$：頭付きスタッド１本あたりの終局せん断耐力
Q_{dU}：終局時の接合部に作用する設計用せん断力

（２） 頭付きスタッドの終局せん断耐力

頭付きスタッド１本あたりの終局せん断耐力 $_{hs}q_u$ は，(3.2.2)式で算定する．

$$_{hs}q_u=2.75\,_{hs}a(_cE\cdot F_c)^{0.3}\sqrt{\frac{_{hs}L}{_{hs}d}} \qquad (3.2.2)$$

$_{hs}a$ ：頭付きスタッド１本あたりの軸部断面積
$_cE$ ：コンクリートのヤング係数（N/mm²）
F_c ：コンクリートの設計基準強度（N/mm²）
$_{hs}L$：頭付きスタッドの呼び長さ
$_{hs}d$：頭付きスタッドの軸径

なお，$_{hs}L/_{hs}d$ の値は 3.5 以上とし，8.0 以上の場合は 8.0 とする．ただし，$_{hs}d=25$ において $_{hs}L/_{hs}d$ の値が 6.0 以上の場合は 6.0 とする．

（１） 頭付きスタッドを用いた鋼・コンクリート接合部の設計

頭付きスタッドの終局耐力は，(3.2.1)式により設計する．なお，頭付きスタッドを用いた接合部が終局せん断耐力を発揮するときのずれ変形は，3.3 節で接合部のせん断力－ずれ変位関係と併せて解説するように，非常に大きくなっていることを十分に認識しておく必要がある．以下に(3.2.1)式の各項目の詳細を示す．

（２） 頭付きスタッド１本あたりの終局せん断耐力評価

ａ） 終局せん断耐力式の課題

頭付きスタッドの終局せん断耐力は，本会「各種合成構造設計指針」[3.2.1] において，等厚スラブの合成梁などに例示されるような形鋼に頭付きスタッドを溶接し，その周囲に鉄筋コンクリートを打設した場合を模した押抜き試験体における頭付きスタッド１本あたりの終局せん断耐力の値 $_{calc}q_u$ が(解 3.2.1)式で示されている．

$$_{calc}q_u=0.5\,_{hs}a\sqrt{_cE\cdot F_c} \qquad (解 3.2.1)$$

ただし，$500\ \mathrm{N/mm^2}\leqq\sqrt{_cE\cdot F_c}\leqq900\ \mathrm{N/mm^2}$

$\sqrt{_cE\cdot F_c}>900\ \mathrm{N/mm^2}$ の場合は $\sqrt{_cE\cdot F_c}=900\ \mathrm{N/mm^2}$ として計算する

(解 3.2.1)式は，Fisher らによる等厚スラブでの押抜き試験の結果を基とした実験式である．後述する実験資料（これまでに国内で実施された押抜き試験結果）を用いた検討[3.2.2]より，等厚スラブを有する 183 体分における耐力値（以下，実験値という）と(解 3.2.1)式で算出した値（以下，計算値という）を比較すると，解図 3.2.1 のようなばらつきのある対応関係が見られ，実験値／計算値は 0.57～2.18 にわたり，平均値 1.13，変動係数 0.291 であった．ここで，計算値を算出する際の F_c は，実験におけるコンクリートの実圧縮強度 $_c\sigma_B$ とする．また，この計算値を算出する際のみ，$_cE$ の算定式は文献 3.2.1）に示されている式を用いているが，これ以降の計算および本指針で示す１本あたりのせん断耐力評価に関しては，表 2.2.1 に示した式を用いる．また，計算値を頭打ちとしている $\sqrt{_cE\cdot F_c}\geqq900\ \mathrm{N/mm^2}$ の範囲（解図 3.2.2 中の灰色破線より右側）に相当する試験体は解図 3.2.1，3.2.2 中◇，×で表した 53 体であり，そのうち 46 体が実験値が計算値を上回ってい

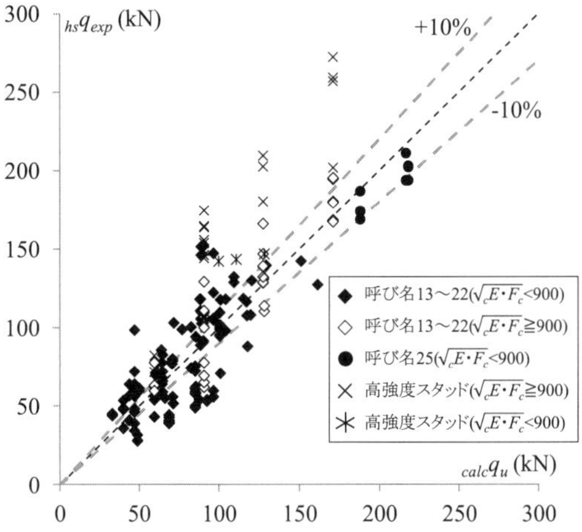

解図 3.2.1　実験値と計算値（$_{calc}q_u$）の相関関係

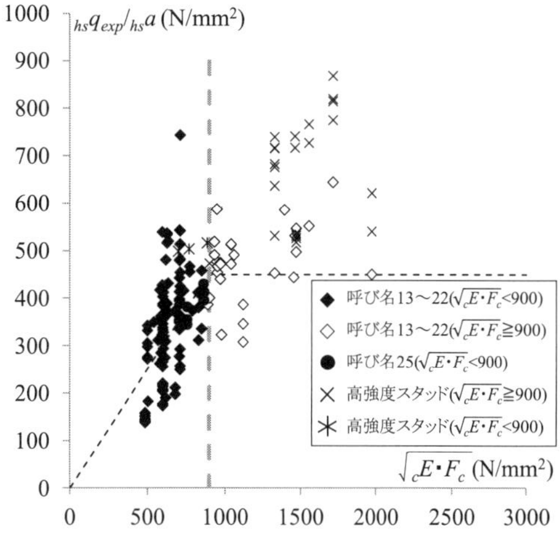

解図 3.2.2　実験値と $\sqrt{_cE \cdot F_c}$ の関係

る．これらはコンクリートの圧縮強度 $_c\sigma_B$ が概ね 33 N/mm^2 以上の試験体に相当し，頭付きスタッドもそれに合わせて引張強さ $_{hs}\sigma_u$≧550 N/mm^2 の高強度の頭付きスタッド（以下，高強度スタッドという）が用いられている場合もある．このように $_c\sigma_B$≧33 N/mm^2 や $_{hs}\sigma_u$≧550 N/mm^2 といった材料を使用した場合も含めた頭付きスタッドの１本あたりの終局せん断耐力は，(解 3.2.1)式では評価しきれていない．こうした材料や試験体のサイズなどのディテールの違いによる既往の評価式の限界に関しては近年指摘されており，例えば文献 3.2.3）においては，建築分野および土木分野の研究論文 90 編から 1391 体のデータを収集した上で，スラブ形状や仕様，破壊種別等をふまえ，頭付きスタッドの引張強さを用いた独自の耐力式を提案している．文献 3.2.3）で示されている頭付きスタッドの引張強さをもって耐力式を算定する方法は，AISC[3.2.4)] では耐力式の上限値として設定されており，Eurocode 4[3.2.5)] でも２つある耐力算定値の一つに用いられている．

b）　終局せん断耐力式の構築と特徴

本指針では，終局せん断耐力の設計に，(3.2.2)式による計算値 $_{hs}q_u$ を用いる．(3.2.2)式は，実験値と，頭付きスタッドの終局せん断耐力に関わる各因子，すなわち頭付きスタッドの１本あたりの軸部断面積 $_{hs}a$，コンクリートのヤング係数 $_cE$，圧縮試験結果によるコンクリートの圧縮強度 $_c\sigma_B$，頭付きスタッドの径長比 $_{hs}L/_{hs}d$，頭付きスタッドの引張強さ $_{hs}\sigma_u$ の５つの因子との間で重回帰分析を行った結果[3.2.2)]に，各因子の最小値を用いて係数を定め，(解 3.2.1)式より精度を向上させたものである．重回帰分析には，本会「各種合成構造設計指針」[3.2.1)] の合成梁の設計に示されている材料特性や頭付きスタッドの径や間隔などの適用範囲を超えたデータも含めて検討しており，これによって，鉄骨梁と鉄筋コンクリートスラブ間の接合部において頭付きスタッドをずれ止めとして使用する場合に(3.2.2)式を用いて評価できると考えられる．

解図 3.2.3 に，(3.2.2)式による計算値 $_{hs}q_u$ を横軸に，実験値を縦軸にとったグラフを示す．なお，この図に示す(3.2.2)式による計算値の計算において，コンクリートのヤング係数 $_cE$ は表 2.2.1 に示されている算定式により算出した値であり，（５）で後述するように，$_cE$ の計算に必要な $_c\sigma_B$ の実

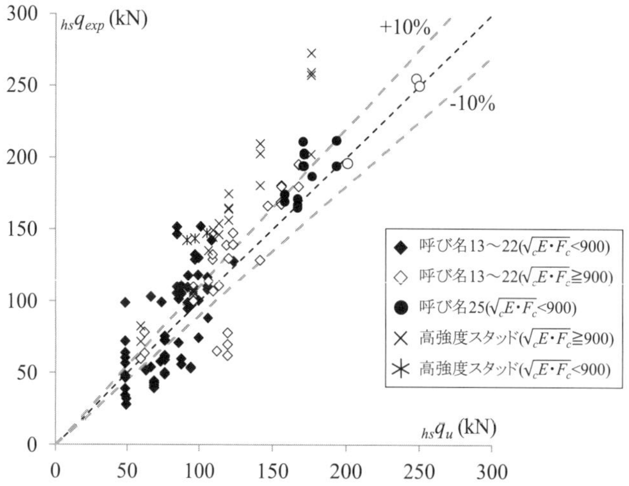

解図 3.2.3　実験値と(3.2.2)式による計算値の相対関係（$_cE$ は表 2.2.1 における算定式を使用）

測値が文献から確認できたデータ 138 体を対象としている．実験値/(3.2.2)式による計算値の分布は 0.52～2.04 にわたっており，平均値 1.08，変動係数 0.282 であり，(3.2.2)式を用いることで（解 3.2.1)式よりもばらつきがやや改善されている．

実験値が(3.2.2)式による計算値を下回るデータは 138 体中 41 体であり，そのうち 27 体は軽量コンクリートまたはモルタルを使用している試験体であった．この 27 体中 21 体で，ゲージ，$_{hs}L/_{hs}d$，かぶり厚さ，へりあきのいずれかが，文献 3.2.1）の頭付きスタッドの構造細則に示された値と比して小さいものであった．実験値が(3.2.2)式による計算値を下回った 41 体のうち，14 体は普通コンクリートあるいは高強度コンクリートを使用している試験体であり，このうち 2 体は $_c\sigma_B$<21 N/mm^2，残り 12 体は $_c\sigma_B$>21 N/mm^2 であり，12 体中 1 体はゲージ，$_{hs}L/_{hs}d$ のいずれかが，文献 3.2.1）の頭付きスタッドの構造細則に示された値と比して小さいものであった．

軽量コンクリートあるいはモルタルを使用した試験体における実験値/(3.2.2)式による計算値は 0.52～1.39（平均値 0.83），普通コンクリート（高強度コンクリートも含む）を使用した試験体における実験値/(3.2.2)式による計算値は 0.71～2.04（平均値は 1.21）であったことから，頭付きスタッドの終局せん断耐力はコンクリート種類およびその強度に影響を受けることがわかる．ただし，頭付きスタッドおよびその周囲のコンクリート部分のサイズや配置によっては，(3.2.2)式による計算値より耐力低下を生じることが考えられる．

解図 3.2.4 に縦軸に実験値/(3.2.2)式による計算値，横軸に $_{hs}L/_{hs}d$ をとったグラフを示す．138 体のうち，3 体が $_{hs}L/_{hs}d$<3.5となるが，これらは高強度スタッドおよび $_c\sigma_B$=99.4 N/mm^2 のモルタルを用いた試験体であるため，$_{hs}L/_{hs}d$ の範囲設定の対象外とし，本指針の $_{hs}L/_{hs}d$ の下限値を 3.5 とした．なお，3.9≦$_{hs}L/_{hs}d$≦4.2 の範囲で実験値が(3.2.2)式による計算値を下回る試験体が 16 体あるが，そのうち 12 体は軽量コンクリートを用いた試験体である．一方の上限値については，138 体のうち 4 体が $_{hs}L/_{hs}d$>8.0 となるが，いずれも実験値/(3.2.2)式による計算値 <1.0 となっている．よって，$_{hs}L/_{hs}d$ が 8 より大きくなった場合には，$_{hs}L/_{hs}d$=8.0 として計算することとした．

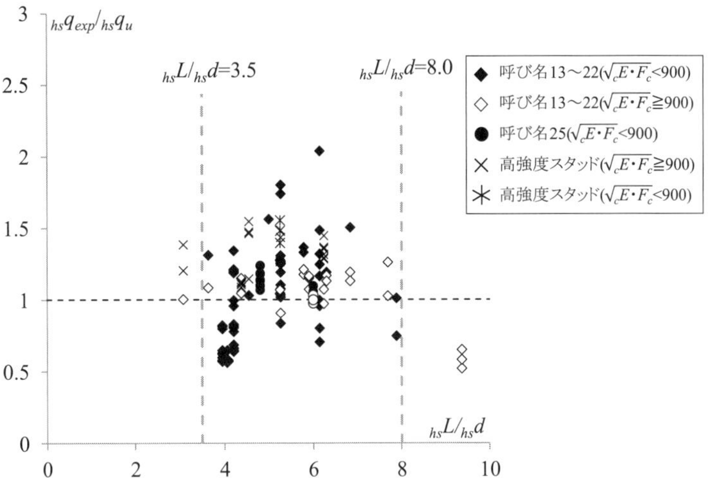

解図 3.2.4 実験値/(3.2.2)式による計算値と径長比（$_{hs}L/_{hs}d$）の相関関係

ただし，$_{hs}L/_{hs}d>8.0$ の頭付きスタッドを用いた実験データは少ないことから，$_{hs}L/_{hs}d>8.0$ の頭付きスタッドを使用する際には要素実験を行う方が望ましい.

本指針では，頭付きスタッドの呼び径 25 を適用範囲に含めたが，これは 3.1 節にも示したように，呼び径 25 を用いた実験資料の蓄積が進んだことによる[3.2.6)～3.2.10)]．ただし，(3.2.2)式は実験式であるため，適用範囲は実験条件の範囲とすべきであり，このため，呼び径 25 については，構造細則の一部を別途規定しているので留意する必要がある．前述した 138 体のうち呼び径 25 の試験体は 19 体であるが，呼び径 25 の試験体の $_{hs}L/_{hs}d$ は 4.8 と 6.0 のいずれかしかない．本指針における呼び径 25 の場合の径長比については，$_{hs}L/_{hs}d$ が 6.0 以上の場合は $_{hs}L/_{hs}d=6.0$ として計算することとした．呼び径 25 の場合に関しては今後も実験データの蓄積が必要であり，現時点でデータがある $_{hs}L/_{hs}d=4.8$ と 6.0 を上下限とする範囲（$4.8\leqq{}_{hs}L/_{hs}d\leqq6.0$）以外の $_{hs}L/_{hs}d$ をもつ頭付きスタッドを使用する場合は，別途要素実験を行い確認することが望ましい．なお，文献 3.2.6）によれば，呼び径 25 の頭付きスタッドに対しては，頭付きスタッドが破断しなかった場合において，（解 3.2.1)式による耐力値（計算値）が実験値を下回ることがあるとされている．本指針では文献 3.2.6）の結果を陽に反映することはしていないが，(3.2.2)式を用いることで，後述する解図 3.2.6 中●および○で示すように，この条件下でも実験値が(3.2.2)式による計算値を上回っている.

一方，高強度スタッドを使用した試験体に着目すると，実験値/(3.2.2)式による計算値は 1.09～1.55（平均値 1.32）となり，$_{hs}\sigma_u>550\ \mathrm{N/mm^2}$ となる頭付きスタッドを用いた場合であっても，(3.2.2)式による計算値で実験値を安全側に評価できることがわかる.

（3） 耐力低減係数

a） 構造細則を満足するデータにおける終局せん断耐力式

上記より，実験値/(3.2.2)式による計算値 <1.0 を示すデータが全体の 30 %に及んでいる．その一因として押抜き試験体のディテールによる影響が考えられる．後述する構造細則を満足し，かつコンクリートの圧縮強度が 2.1 節に示した範囲の前後（$18.2\ \mathrm{N/mm^2}\leqq{}_c\sigma_B\leqq79.7\ \mathrm{N/mm^2}$）に存在す

るデータ 67 体を対象に，(3.2.2)式による計算値の傾向とコンクリート圧縮強度の影響を検討する．解図 3.2.5 に上記の 67 体分の実験値と(3.2.2)式による計算値の相関グラフを示す．実験値/(3.2.2)式による計算値は 0.71〜2.04 にわたり分布しているが，平均値 1.15，変動係数 0.186 と，ばらつきが解図 3.2.3 と比較して大幅に小さくなっている．実験値が(3.2.2)式による計算値を下回るのは，67 体中 11 体であった．11 体のうち，(解 3.2.1)式による計算値で頭打ちとなる $\sqrt{{}_cE\cdot F_c}\geqq 900\,\mathrm{N/mm^2}$ の範囲に含まれる試験体において，実験値/(3.2.2)式による計算値は 0.91〜0.98 の範囲となり，(解 3.2.1)式を用いるよりも(3.2.2)式を用いる計算値の方が実験値に近い値となっている．また，コンクリート圧縮強度 ${}_c\sigma_B$ が後述する本指針の適用範囲外である試験体は，67 体中 12 体あった．

b）　耐力低減係数の決定

(3.2.2)式は破壊モードによらず，データ分析により一律に定めた式であり，適用範囲を制限してもばらつきが生じることは否めない．しかし，ばらつきをふまえた上でもデータの下限をおおむね示す式であることが，設計においては有用である．そこで，文献 3.2.11）を参考に，データの 90 %以上が実験値/(3.2.2)式による計算値≧1.0（不合格率 10 %以下）となるように，本指針における耐力低減係数 ${}_{hs}\phi$ を設定する．(3.2.2)式が前述のとおり破壊モードによらないことから，この ${}_{hs}\phi$ も破壊モード等によらず，一律に(3.2.2)式に乗じる実数とする．

解図 3.2.6 にこの 67 体の試験体において，縦軸に実験値/(3.2.2)式による計算値，横軸にコンクリートの圧縮強度 σ_B をとったグラフを示す．コンクリートの圧縮強度が低い範囲はばらつきが大きいものの，本指針の適用範囲であるコンクリート圧縮強度の範囲では ${}_{hs}\phi=0.85$とすることで，おおむね実験値/(${}_{hs}\phi_u$) が 1.0 を上回っていた（不合格率 6.0 %）．また，解図 3.2.7 に 67 体を対象として，${}_{hs}\phi=0.85$ とした場合における ${}_{hs}\phi\cdot{}_{hs}q_u$ の値と実験値の相関グラフを示す．これによると，${}_{hs}\phi=0.85$ の条件下で ${}_{hs}\phi\cdot{}_{hs}q_u$ は実験値のほぼ下限をおさえている．

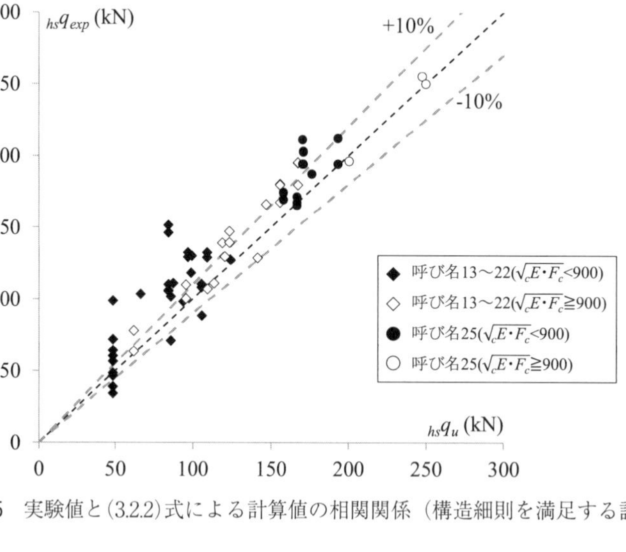

解図 3.2.5　実験値と(3.2.2)式による計算値の相関関係（構造細則を満足する試験体）

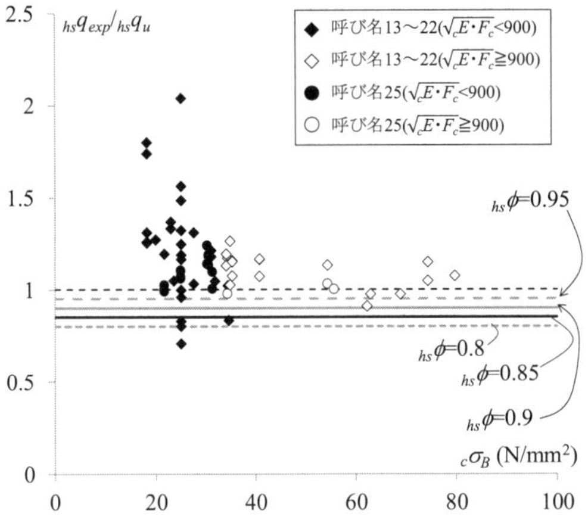

解図 3.2.6　実験値/(3.2.2)式による計算値とコンクリート強度の関係（構造細則を満足する試験体）

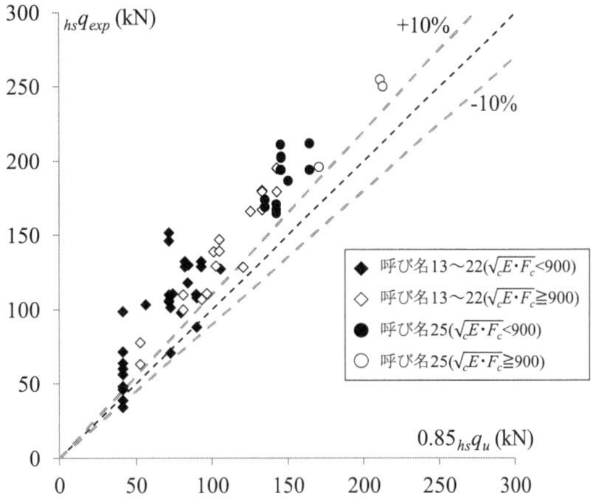

解図 3.2.7　実験値と $_{hs}\phi \cdot {}_{hs}q_u$ の相関関係（構造細則を満足する試験体）

（4）頭付きスタッドの本数による終局耐力への影響

頭付きスタッドの終局耐力に本数が及ぼす影響に関しては，文献によりさまざまな見解がある[3.2.12)～3.2.16)]．限られた体積のコンクリート部分に多数本の頭付きスタッドを打設した押抜き試験体では，コンクリートが負担する応力度が相対的に高くなるため，頭付きスタッド1本あたりの耐力は必然的に小さくなることも原因の一つである．実際の構造物で多数本の頭付きスタッドを用いる場合において，コンクリート部分に十分なボリュームがある場合や割裂防止策を講じている状況下であれば，(3.2.1)式で示したとおり，本数を単純累加して終局耐力の設計が可能である．また，解図 3.2.7 に示したように，本指針の評価式は(3.2.2)式に耐力低減係数を乗じることで，本数の影響も包含してほぼ評価できている．

（5）　頭付きスタッドの実験資料と各因子の分布

本指針における(3.2.1)式および(3.2.2)式の策定にあたっては，基本として文献 3.2.2）にまとめられている頭付きスタッドの押抜き試験の結果のうち，標準押抜き試験[3.2.17)]に則った等厚スラブの場合の試験結果 183 体分の ${}_{hs}a$, ${}_cE$, ${}_c\sigma_B$, ${}_{hs}L/{}_{hs}d$, ${}_{hs}\sigma_u$ の各因子を対象に分析を行った．ここで各因子のうち，コンクリートのヤング係数 ${}_cE$ の値は，引用元の文献に値が示されている場合もあるが，その際の算出方法は文献によって異なっていた．本指針では，(3.2.2)式による頭付きスタッドの終局せん断耐力の計算値に関して，計算式の違いに起因する ${}_cE$ のばらつきをなくすため，表 2.2.1 に示したコンクリートのヤング係数の算定式で計算した値で検討した．ここで，コンクリートの気乾単位体積重量 ${}_c\gamma$ については圧縮強度試験結果から算出しているが，${}_c\sigma_B>60\,\mathrm{N/mm^2}$ の場合は ${}_c\gamma=24.0\,\mathrm{kN/m^3}$，軽量コンクリートで ${}_c\sigma_B\leqq27\,\mathrm{N/mm^2}$ の場合は ${}_c\gamma=20.0\,\mathrm{kN/m^3}$，${}_c\sigma_B>27\,\mathrm{N/mm^2}$ の場合は ${}_c\gamma=22.0\,\mathrm{kN/m^3}$，モルタルの場合は ${}_c\gamma=21.0\,\mathrm{kN/m^3}$ とした．

表 2.2.1 に示した算定式は，シリンダー圧縮試験に基づくコンクリートの圧縮強度 ${}_c\sigma_B$ が必要であることから，文献における圧縮試験結果が確認できない場合は，基本として（2）のｂ）以降の

検討の対象外とした．このことから，設計における評価式の検討には，この条件を満たす 138 体を用いた．解図 3.2.8 に前述の条件を満たす 138 体の $_cE$ の分布を示す．軽量コンクリートやモルタルを使用した試験体のデータは比較的値の小さい範囲に存在しており，普通コンクリート（高強度コンクリートも含む）は，2.3×10^4 N/mm^2 付近と 3.4×10^4 N/mm^2 に多く試験体が存在する傾向がみられる．評価式の検討に使用した $_c\sigma_B$, $_cE$, $_{hs}L/_{hs}d$, $_{hs}\sigma_u$ の範囲および平均値は，解表 3.2.1 の太枠内に示す．前述したように，評価式を算定する際には各因子の最小値を用いた．なお，（2）の b）で示した設計時の評価式における分析に用いた 67 体分の $_c\sigma_B$, $_cE$, $_{hs}L/_{hs}d$, $_{hs}\sigma_u$ の各因子の範囲および平均値を解表 3.2.1 右欄に示す．

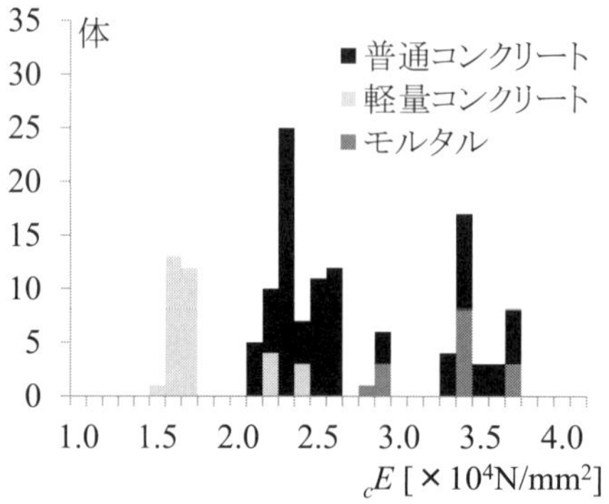

解図 3.2.8　表 2.2.1 に示した算定式から算出した 138 体のヤング係数

解表 3.2.1　補正係数検討における各因子の範囲

	文献 3.2.2) におけるデータベース	3.2 節（2） b）以降の検討に使用したデータ					構造細則(3.4 節)を満たし，材料特性を絞ったデータ
$_{hs}d$	呼び径 13~25	呼び径 13～25					呼び径 13~25
コンクリート種類	軽量·モルタル·普通·高強度	全体	（内訳）				普通·高強度
			軽量	モルタル	普通	高強度	
試験体数	183	138	33	15	70	20	67
σ_B (N/mm^2)	15.5～99.5【34.5】	15.5～99.5【37.8】	15.5～34.5	42.8～99.5	18.2～55.7	60.3～79.7	18.2～79.7【33.4】
$_cE$ (×10^{4}N/mm^2)	1.23～4.47【2.18】	1.48～3.68【2.49】	1.48～2.34	2.75～3.64	2.07～3.59	3.35～3.68	2.07～3.68【2.52】
$_{hs}L/_{hs}d$	3.1～9.4【5.4】	3.1～9.4【5.3】	3.9～7.9	3.1～9.4	3.6～7.7	3.6～6.3	4.2～7.7【5.7】
$_{hs}\sigma_u$ (N/mm^2)	349.1～826.7【507.6】	349.1～826.7【512.9】	349.1～533.5	402.0～687.4	420.0～559.0	470.7～826.7	420.0～512.9【469.6】

［注］【　】内は平均値を表す．

（6）　頭付きスタッドを用いた鋼・コンクリート接合部の設計上の留意点

頭付きスタッドの終局せん断耐力を評価する(3.2.2)式は，(解 3.2.1)式に基づいて，押抜き試験に適用される頭付きスタッドの形状（${}_{hs}L/{}_{hs}d$）に関する因子を考慮し，かつ計算値に対する実験値の比のばらつきが緩和されるように与えられたものである．解表 3.2.2 は，(解 3.2.1)式と(3.2.2)式に耐力低減係数 ${}_{hs}\phi=0.85$ を乗じた計算値 ${}_{hs}\phi\cdot{}_{hs}q_u$ を頭付きスタッド 1 本あたりの断面積 ${}_{hs}a$ で除した計算値 ${}_{hs}\phi\cdot{}_{hs}q_u/{}_{hs}a$ (N/mm^2) を比較検討したものである．解表 3.2.2 より，${}_{hs}L/{}_{hs}d$ が 6.0 より大きい範囲の一部（解表 3.2.2 内の網掛け部）では，本指針の(3.2.2)式による計算値が（解 3.2.1)式による計算値より高くなるが，${}_{hs}L/{}_{hs}d$ が 6.0 以下の範囲では，(3.2.2)式による計算値が(解 3.2.1)式による値より低くなる．鉄骨梁と鉄筋コンクリートスラブ間の接合部を前提とした頭付きスタッドの終局せん断耐力式である(解 3.2.1)式に対して，本指針の評価式は，幅広いコンクリート強度や鋼コンクリート接合部の適用範囲について対応するように安全側の設計が可能となるようにしている．

しかしながら，各種鋼・コンクリート接合部に頭付きスタッドを使用する場合，接合部のディテールや応力状態によっては，(3.2.1)式のように耐力低減係数 ${}_{hs}\phi$ を考慮し，設置された頭付きスタッドの本数倍して求められる頭付きスタッドのせん断耐力が発揮されない可能性だけでなく，頭付きスタッドがせん断耐力を発揮する前に，頭付きスタッドからコンクリートに作用する支圧力に起因した接合部コンクリートの破壊が生じる場合も想定される．

近年の研究をふまえ，頭付きスタッドを用いた鋼・コンクリート接合部の設計における留意点を下記に示す．

a）　根巻き柱脚・鉄骨柱が挿入された鉄筋コンクリート杭

根巻き柱脚の鉄骨（以下，Sという）柱に頭付きスタッドを設けた場合，根巻き部に十分な横補強筋が配置され，そこにS柱がベースプレートを介してアンカーボルトによって確実に定着されていれば，ある程度の変形量をもってずれ耐力を発揮する頭付きスタッドの耐力や変形性能への寄与は小さいという報告がある．本会「鋼構造接合部設計指針」[3.2.18] では，根巻き柱脚における応力伝達で頭付きスタッドの効果を考慮しないものとされている．

解表 3.2.2　(解 3.2.1)式と ${}_{hs}\phi\cdot$(3.2.2)式による ${}_{hs}q_u/{}_{hs}a$ の比較

F_c (N/mm^2)	(解 3.2.1)式	${}_{hs}\phi\cdot$(3.2.2)式（耐力低減係数 ${}_{hs}\phi=0.85$）						
		${}_{hs}L/{}_{hs}d$	3.5	4	5	6	7	8
18	304.4		204.9	219.0	244.9	268.3	289.7	309.8
21	337.4		217.9	233.0	260.5	285.3	308.2	329.5
24	368.8		229.9	245.7	274.7	301.0	325.1	347.5
30	428.0		251.3	268.7	300.4	329.1	355.4	380.0
36	450.0		270.3	289.0	323.1	354.0	382.3	408.7
42	450.0		291.3	311.4	348.1	381.4	411.9	440.4
48	450.0		307.3	328.5	367.2	402.3	434.5	464.5
54	450.0		326.2	348.7	389.8	427.1	461.3	493.1
60	450.0		340.2	363.7	406.6	445.4	481.1	514.3

網掛けは(解 3.2.1)式による応力度＜${}_{hs}\phi\cdot$(3.2.2)式による応力度

また，解図 3.2.9(a) に示すように，S 柱を鉄筋コンクリート（以下，RC という）杭に埋め込み，S 柱表面に打設された頭付きスタッドによって軸方向力を伝達させる場合，S 部材と RC 部材間の付着力，摩擦力や鉄骨部材の埋込み端部の支圧抵抗等の影響によって，頭付きスタッドの全数が最大耐力を発揮するとは限らない．例えば，文献 3.2.19）では，RC 部材天端側に打設された頭付きスタッドのみが最大耐力を発揮する，あるいは適切な間隔で打設された頭付きスタッドは埋込み深さの全領域でせん断力を負担するが，その負担せん断力は，S 柱の埋込み深さ方向に一定とはならず，RC 部材の天端に最も近い頭付きスタッドが最も大きなせん断力を負担することが示されている．文献 3.2.20）では，RC 部材の天端側から頭付きスタッドの降伏が先行し，S 柱埋込み部材軸に沿って降伏域が広がることが解析結果より示されており，頭付きスタッドの負担せん断力分布を考慮して柱軸力の許容値を定める必要があることが示されている．

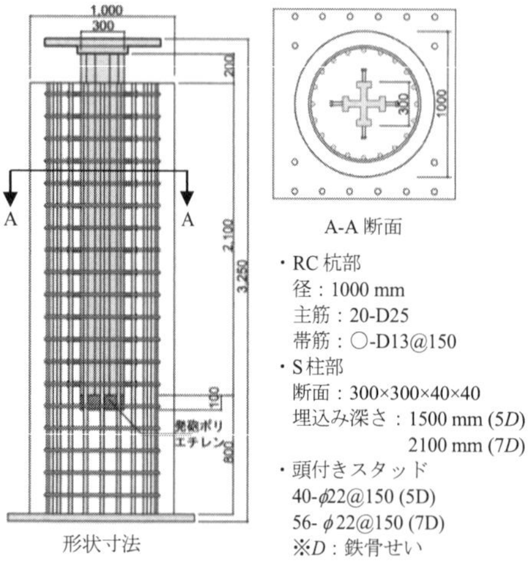

(a) S 柱－RC 杭 [3.2.20)]

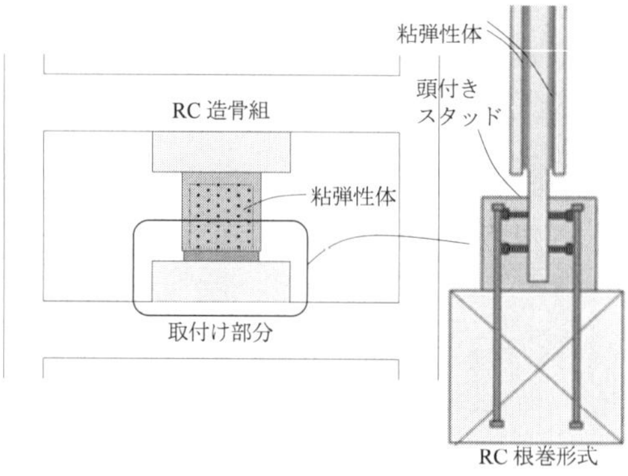

(b) RC 造間柱－制震ダンパーの概要 [3.2.21)]

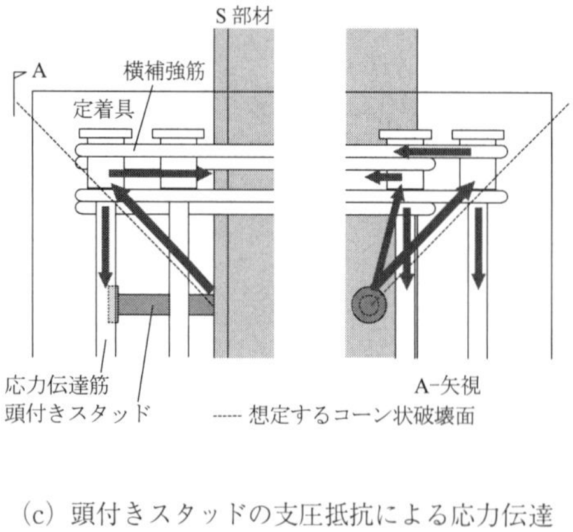

(c) 頭付きスタッドの支圧抵抗による応力伝達

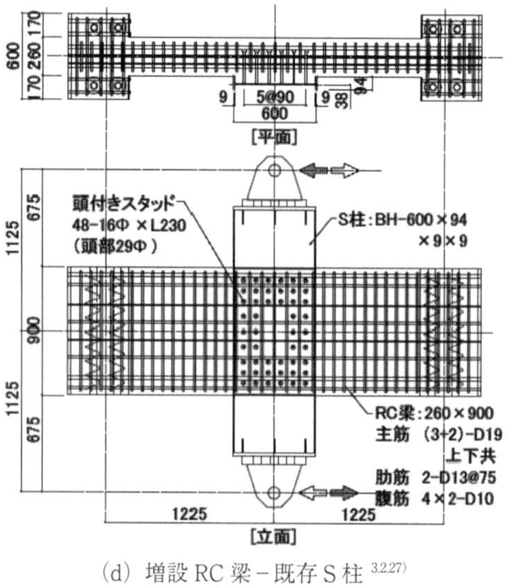

(d) 増設 RC 梁－既存 S 柱 [3.2.27)]

解図 3.2.9　頭付きスタッドを用いた鋼・コンクリート接合部に関する研究例

b）　鉄筋コンクリート造フレームに挿入された枠付き鉄骨ブレース

RC 造フレームを S 部材で耐震補強する場合は，既存の RC 造フレームと頭付きスタッドを設けた S 造枠の間にコンクリートあるいはモルタルを介するが，頭付きスタッドからの支圧力によって後打ち部のコンクリートまたはモルタル部に割裂破壊が生じる可能性があり，亀裂による鋼とコンクリート接合部全体の剛性の大きな低下が懸念される．したがって，コンクリート部の割裂を防止するためのスパイラル筋等による補強が必要となる．

c）　鉄筋コンクリート部材に挿入された制振ダンパーなどの鉄骨部材の取付け部

各応力を受けて RC 部材から S 部材が抜け出すような挙動を示す接合部では，S 部材の埋込み端部に配置された頭付きスタッドの支圧力によって，早期にコンクリートがコーン状破壊（はしあき方向に頭付きスタッドがせん断力を受けた場合の破壊であり，文献 3.2.21）に基づき，以下，掃出し破壊という）に至る場合がある[3.2.21)]．

文献 3.2.21）では，解図 3.2.9(b）に示すように，制震ダンパーの端部にベースプレートを設けず，RC 梁や RC 間柱との取付け部分を根巻柱脚形式とし，S 部の根巻き領域に頭付きスタッドを打設することによって，制震ダンパーの負担せん断力を取付け部に伝達する接合部ディテールの開発を行っている．解図 3.2.9(c）に示すように，S 部材の応力は，主に頭付きスタッドの根元部の支圧抵抗を介して RC 部材に伝達されるが，この応力伝達によって，曲げ引張側の根巻き領域におけるコンクリートの掃出し破壊に至ることが実験的に明らかにされている．また，はしあきやへりあきにおけるコンクリートの掃出し破壊を防止する補強として，頭付きスタッドの支圧抵抗によって想定されるコンクリートの掃出し破壊面内に応力伝達筋を配置し，応力伝達筋の端部に取り付けられた定着具の支圧抵抗および横補強筋の引張抵抗によってコンクリートを拘束する方法が有効であることが提示されている[3.2.21), 3.2.22)]．一方，ACI では，頭付きスタッドの根元部に U 字形あるいは V 字形の補強筋を配置する補強方法が提示されている[3.2.23)]．

d）　頭付きスタッドがグループ配置される接合部

建築分野ではあまり適用例はないが，土木分野の合成桁などのように，鋼とプレキャスト床版などの接合部に頭付きスタッドを適用する場合，接合部の合理化・省スペース化や工期短縮，プレストレスの導入の効率化などにより，頭付きスタッドのグループ配置が施される場合がある[3.2.24)～3.2.26)]．これは，ピッチやゲージを小さくして（ピッチを $5_{hs}d$ 程度，ゲージを $3_{hs}d$ 程度）グループ配置したものであり，頭付きスタッド間のコンクリートが連鎖的に破壊するため，耐力が低下することが示されている．さらに文献 3.2.25）では，このような場合，十分な補強鉄筋を挿入し，コンクリートの材料強度を F_c＝50 N/mm^2 以上とし，頭付きスタッドの材料強度も JIS で定められている上限値近くに設定することで，グループ配置による頭付きスタッドの耐力の低下を抑えることができると示されている．しかしながら，グループ配置される場合の頭付きスタッドの終局せん断耐力の評価法は提案されているものの，頭付きスタッドの疲労強度との関連や，施工面に関する定量的な評価法は確立されていない．

建築分野では，解図 3.2.9(d）に示すように，増設した RC 梁に S 柱を外付けする耐震補強工法の開発にあたり，増設 RC 梁と S 柱が偏心する接合部において，接合部パネルに頭付きスタッドをグループ配置することによって，接合部におけるねじり応力を梁－柱間に伝達するディテールの開発研究例が見られる[3.2.27), 3.2.28)]．しかしながら，前述のとおり，グループ配置した頭付きスタッドを接合部に適用した研究例は非常に少ないため，このような使い方をする場合は個別に要素試験を実施する等，破壊性状や耐力を確認することが望ましい．

【参 考 文 献】

3.2.1)　日本建築学会：各種合成構造設計指針・同解説，2010

3.2.2)　島田侑子，福元敏之，城戸將江，鈴木英之，馬場望，田中照久：補正係数による頭付きスタッドの終局せん断耐力式の提案，日本建築学会構造系論文集　Vol.83，No.750，pp.1205-1215，2018.8

3.2.3)　平間ちひろ，石川孝重，久木章江，グエンミンハイ：頭付きスタッドを用いた押抜き試験のせん断力に関する文献研究　スラブ形状・破壊種別とスタッド軸径に着目した包括的かつ俯瞰による分析，日本建築学会構造系論文集，Vol.82，No.735，pp.745-751，2017.5

3.2.4)　AISC：Specification for Structural Steel Buildings, 2016.7

3.2.5)　European Committee for Standardization: *Eurocode 4: Design of composite steel and concrete structures -Part 1-1: General rules and rules for buildings*（EN 1994-1-1:2004），2009

3.2.6)　大谷恭弘，石川孝重，渡部健太，佐々木一明，稲本晃士，内海祥人：太径φ25頭付きスタッドの押抜きせん断実験と強度評価，日本建築学会大会学術講演梗概集，構造Ⅲ，pp.1375-1376，2014.9

3.2.7)　田川泰久，堀田洋志，中楚洋介，浅田勇人：デッキプレートを用いた合成梁における頭付スタッドの押抜き試験　その1，その2，日本建築学会大会学術講演梗概集，構造Ⅲ，pp.855-858，2012.9

3.2.8)　堀田洋志，田川泰久，加納和麻：デッキプレートを用いた合成梁における頭付スタッドの押抜き試験　太径スタッドの突出長さによる変形状態への影響　その1，その2，日本建築学会大会学術講演梗概集，構造Ⅲ，pp.1181-1184，2013.8

3.2.9)　加納和麻，田川泰久，山口千尋：デッキプレートを用いた合成梁における頭付きスタッドの押抜き試験：太径スタッドのせん断耐力評価に関する一提案　その1，その2，日本建築学会大会学術講演梗概集，構造Ⅲ，pp.899-902，2014.9

3.2.10)　田川泰久，加納和麻，山口千尋，今村しおり：デッキプレートを用いた合成梁における太径スタッドの実験的研究　押し抜き試験と小梁曲げ試験の相関　その1，その2，日本建築学会大会学術講演梗概集，構造Ⅲ，pp.911-914，2015.9

3.2.11)　Wollmershauser, R. E.：Anchor Performance and the 5% Fractile, Hilti, Technical Services Bulletin, Hilti, Inc., Tulsa, Oklahoma. 1997.1

3.2.12)　吉敷祥一，角野大介，薩川恵一，山田哲：床スラブの影響を含めた柱梁接合部パネルの弾塑性挙動の考察，日本建築学会構造系論文集，Vol.75，No.654，pp.1527-1536，2010.8

3.2.13)　上野　誠：スタッドジベルの実験的研究，日本建築学会論文報告集 Vol.69，pp.661-664，1961.10

3.2.14)　篠原敬治，小林行雄，椎野高行：鉄骨フレーム耐震補強壁の接合部に関する研究　その1　スタッドと樹脂アンカーの押抜き試験，日本建築学会大会学術講演梗概集，構造Ⅱ，pp.705-706，1990.9

3.2.15)　平野道勝，友永久雄：合成梁に関する実験的研究　その1　押し抜き試験，日本建築学会大会学術講演梗概集，構造系，pp.1507-1508，1972.9

3.2.16)　平野道勝，穂積秀雄，吉川精夫，友永久雄：床鋼板つきコンクリートスラブに埋込まれたスタッドコネクタの押抜試験，日本建築学会論文報告集，Vol.281，pp.57-69，1979.7

3.2.17)　日本鋼構造協会：頭付きスタッドの押抜き試験方法(案)とスタッドに関する研究の現状，JSSC テクニカルレポート No.35, 1996.11

3.2.18)　日本建築学会：鋼構造接合部設計指針，2008

3.2.19)　宇佐美徹，毛井崇博，青木雅路，平井芳雄，伊藤栄俊：鉄骨柱から場所打ちコンクリート杭頭部への軸力伝達に関する実験的研究，日本建築学会構造系論文集，No.547，pp.105-112，2001.9

3.2.20)　杉本訓祥，津田和明，和田安弘，後閑章吉：鉄骨柱から鉄筋コンクリート杭への軸力伝達機構，日本建築学会構造系論文集，Vol.73，No.630，pp.1393-1399，2008.8

3.2.21)　島崎和司，戸澤正美，宮﨑裕一，濱智貴：RC 根巻型構造のスタッドの耐力と剛性の検討　粘弾性壁型制震ダンパーのRC根巻き型構造取り付け部の検討　その2，日本建築学会構造系論文集，Vol.79，No.701，pp.1047-1054，2014.7
3.2.22）日本建築学会：鋼コンクリート構造接合部の応力伝達と抵抗機構，2011
3.2.23）ACI: Building Code Requirements for Structural Concrete and Commentary, 2014
3.2.24）岡田淳，依田照彦，Jean-Paul LEBET：グループ配列したスタッドのせん断耐荷性能に関する検討，土木学会論文集，No.766，pp.81-95，2004.7
3.2.25）岡田淳，依田照彦：密にグループ配列した頭付きスタッドの寸法および強度のせん断耐荷性能に及ぼす影響と床版断面のせん断耐荷力評価，土木学会論文集A，Vol.62，No.3，pp.556-569，2006.7
3.2.26）大久保宜人，栗田章光，小松恵一，石原靖弘：グループスタッドの静的および疲労特性に関する実験的研究，構造工学論文集，Vol.48A，pp.1391-1398，2002.3
3.2.27）森下泰成，野澤裕和，奥出久人，福原武史，石川裕次，宇佐美徹：増設したRC梁にS柱を外付けする耐震補強工法の接合部性能に関する研究，日本建築学会大会学術講演梗概集，構造Ⅲ，pp.1329-1330，2014.9
3.2.28）池田和憲，宮内靖昌，福原武史，森下泰正：増設したRC梁にS柱を外付けする耐震補強工法の柱梁接合部の応力伝達性能，コンクリート工学会年次論文集，Vol.39，No.2，pp.883-888，2017.7

3.3　許容耐力設計

（1）　頭付きスタッドを用いた接合部の長期許容耐力は，(3.3.1)式とすることができる．

$$ {}_{hs}n \cdot {}_{hs}q_{AL} \geqq Q_{dAL} \tag{3.3.1}$$

ここで，$ {}_{hs}q_{AL} = 1/3 \cdot {}_{hs}q_u $　(3.3.2)

Q_{dAL}：長期荷重時の接合部に作用する設計用せん断力
${}_{hs}n$：頭付きスタッドの本数
${}_{hs}q_{AL}$：頭付きスタッド1本あたりの長期許容耐力
${}_{hs}q_u$：頭付きスタッド1本あたりの終局せん断耐力

（2）　頭付きスタッドを用いた接合部の短期許容耐力は，(3.3.3)式とすることができる．ただし，長期荷重を負担する接合部の設計には(3.3.3)式は適用しない．

$$ {}_{hs}n \cdot {}_{hs}q_{AS} \geqq Q_{dAS} \tag{3.3.3}$$

ここで，$ {}_{hs}q_{AS} = 2/3 \cdot {}_{hs}q_u $　(3.3.4)

Q_{dAS}：短期荷重時の接合部に作用する設計用せん断力
${}_{hs}q_{AS}$：頭付きスタッド1本あたりの短期許容耐力

（1）　頭付きスタッドを用いた接合部の長期許容耐力は，その接合部において，変形，離間等によって建築物の機能や使用者の居住に関して障害が生じない限界の耐力とする．頭付きスタッドを用いた接合部ではずれ変位が小さい時の耐力が低く，ずれ変位が大きくなるにつれ頭付きスタッドが耐力を発揮する傾向にある．頭付きスタッドを用いた接合部における許容耐力は，許容できるずれ変位を基に定めたほうが合理的である．

頭付きスタッドのせん断力－ずれ変位関係は，土木学会の「複合構造標準示方書」[3.3.1]で定式化されている．複合構造標準示方書では，頭付きスタッドのせん断耐力はコンクリート強度で決定される値と頭付きスタッドの材料強度で決まる値の小さい方としているが，本指針では，頭付きスタッド1本のせん断耐力は，コンクリート強度と頭付きスタッドの形状を考慮した(3.2.2)式から算出している．よって，(3.2.2)式に示した終局せん断耐力評価式を用いた，頭付きスタッドのせん断力－ずれ変位関係を(解3.3.1)式に示す．

$$ {}_{hs}Q = {}_{hs}q_u \cdot \left(1 - e^{-\alpha \cdot {}_{hs}\delta / {}_{hs}d}\right)^{\beta} \tag{解 3.3.1}$$

ここで，

$_{hs}Q$：頭付きスタッド１本あたりのせん断力(N)

$_{hs}q_u$：頭付きスタッド１本のせん断耐力で（3.2.2)式による（N）

$_{hs}\delta$：頭付きスタッドの位置における鋼板とコンクリートの相対ずれ変位（mm）

$_{hs}d$：頭付きスタッドの軸径（mm）

αおよびβは係数であり$\alpha=11.5\cdot(F_c/30)$とし，βは基となっているOllgaard[3.3.2]の式から準用して0.4とする．

（解3.3.1)式は，まず終局時のせん断耐力と終局時の変位を与え，そこに至る曲線の形状が，コンクリート強度や頭付きスタッドの軸径によって変化するとしている．また，終局時のずれ変位は頭付きスタッドの軸径の30％としている．

一方で，ずれ変位が増加する過程において，頭付きスタッドがどのような挙動を示すかを調べる目的で非線形有限要素法（FEM）解析を行った．解図3.3.1に解析モデルの形状，解表3.3.1に解析ケース，解表3.3.2に解析に使用した材料モデルの諸定数を示す．頭付きスタッドのヤング係数はJISでは定義されていないが，ここでは鋼材と同じ数値とした．解析モデルは（一社）日本鋼構造協会が定める頭付きスタッドの標準押抜き試験法をモデル化し，対称性を考慮して1/4のモデルとした．コンクリートと頭付きスタッドを構成する要素は，8節点直方体要素と4節点3角錐要素の組合せとした．

解表3.3.1に示した呼び名が10，16，19，22，25の頭付きスタッドについて，（解3.3.1)式から算

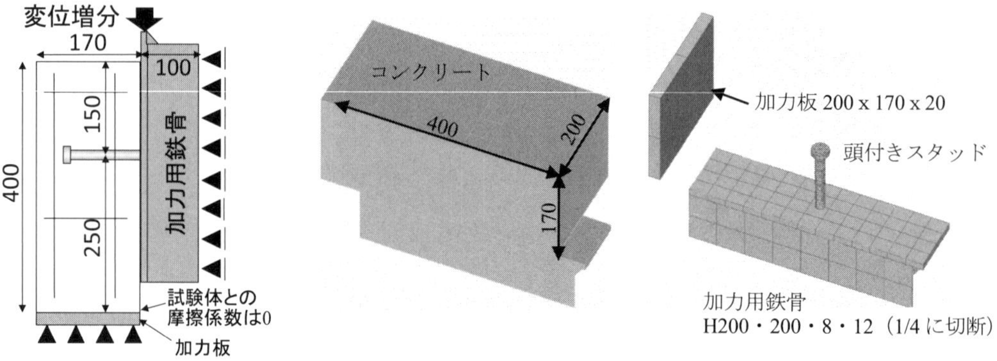

解図 3.3.1　解析モデルの形状

解表 3.3.1　解析ケース

解析ケース	頭付きスタッド		
	呼び名 $_{hs}d$	呼び長さ $_{hs}L$(mm)	$_{hs}L/_{hs}d$
Case1	10	100	10.00
Case2	16	120	7.50
Case3	19	130	6.84
Case4	22	150	6.82
Case5	25	150	6.00

解表 3.3.2　材料モデルの諸定数

材料名	諸定数
コンクリート	圧縮強度 27 N/mm^2，引張強度 2.7 N/mm^2 ヤング係数 2.36×10^4 N/mm^2
頭付き スタッド	降伏強度 240 N/mm^2，引張強度 400 N/mm^2 ヤング係数 2.05×10^5 N/mm^2，第二剛性 805 N/mm^2
加力用鉄骨 加力板	降伏強度 240 N/mm^2，引張強度 400 N/mm^2 ヤング係数 2.05×10^5 N/mm^2，第二剛性 0 N/mm^2
接触要素	摩擦係数 0.59（加力梁鉄骨、頭付きスタッド） 0（加力板） 付着強度 0 N/mm^2 垂直剛性 2×10^8 MN/m^3，水平剛性 2×10^6 MN/m^3

出したせん断力－ずれ変位関係と FEM 解析による結果を解図 3.3.2 に，応力度コンター図を解表 3.3.3 に示す．ここに示しているコンター図は，頭付きスタッドの軸方向の垂直応力度である．

せん断力－ずれ変位関係を見ると，(解 3.3.1)式から算出した計算値と FEM 解析結果は概ね一致していることがわかる．これによると，ずれ変位が 0.075～0.2 mm（軸径の約 0.75～0.9 %）の時に頭付きスタッドの根元の引張側が降伏した．この点を解図 3.3.2 のせん断力－ずれ変位関係上で◆印で表す．その時のせん断力はそれぞれ 14.5 kN，30.5 kN，40.7 kN，58.3 kN，61.7 kN であり，終局耐力評価値の 34～39 %程度であった．この点はせん断力－ずれ変位関係を見ると，ほぼ弾性の

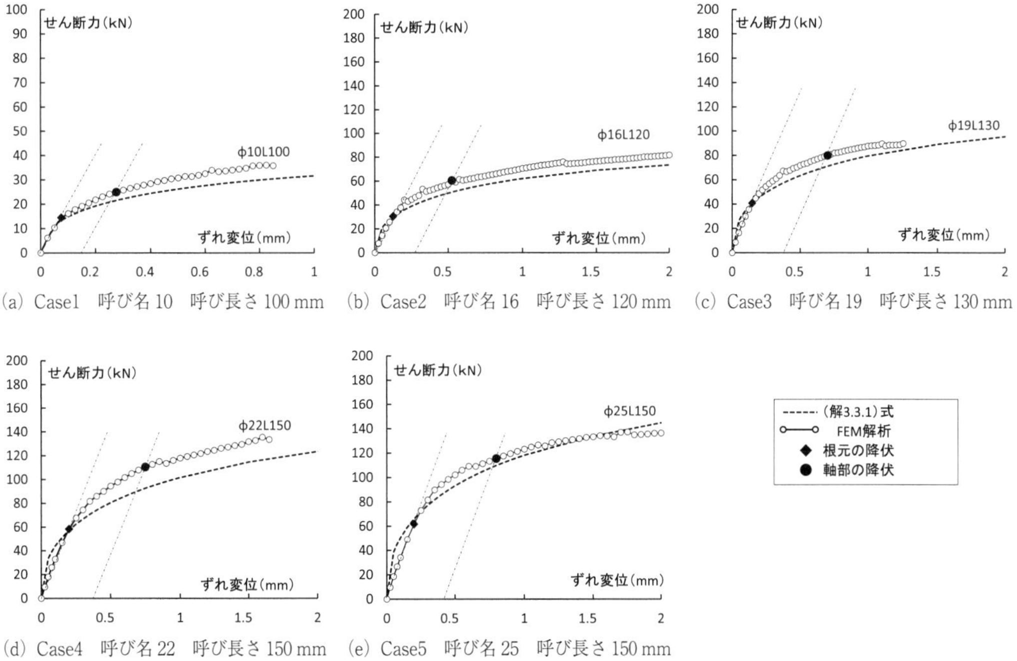

(a) Case1　呼び名 10　呼び長さ 100 mm　(b) Case2　呼び名 16　呼び長さ 120 mm　(c) Case3　呼び名 19　呼び長さ 130 mm

(d) Case4　呼び名 22　呼び長さ 150 mm　(e) Case5　呼び名 25　呼び長さ 150 mm

解図 3.3.2　せん断力－ずれ変位関係

解表 3.3.3 FEM 解析結果

呼び名	10		16		19		22		25	
呼び長さ	100 mm		120 mm		130 mm		150 mm		150 mm	
引張降伏の位置	左下根元	右側軸部	左下根元	右側軸部	左下根元	右側軸部	左下根元	右側軸部	左下根元	右側軸部
軸方向垂直応力度	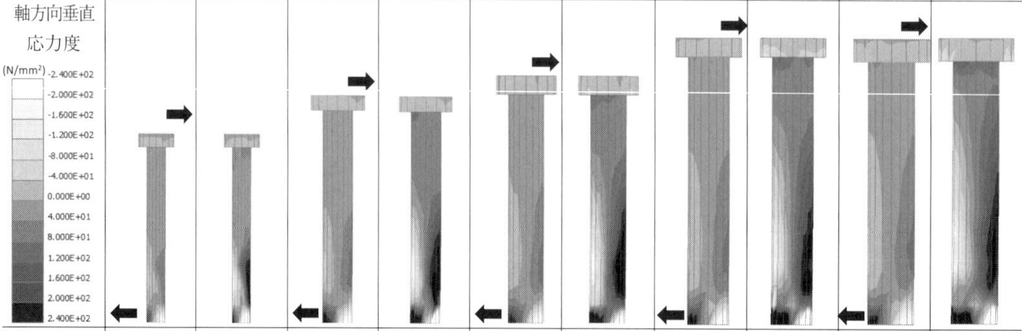									
せん断力	14.5 kN	25.0 kN	30.5 kN	60.4 kN	40.7 kN	79.8 kN	58.3 kN	110 kN	61.7 kN	116 kN
ずれ変位	0.075 mm	0.275 mm	0.125 mm	0.525 mm	0.15 mm	0.70 mm	0.20 mm	0.75 mm	0.20 mm	0.80 mm
弾性剛性で除荷した時の残留変位		0.15 mm		0.28 mm		0.40 mm		0.37 mm		0.43 mm

限界点であることがわかる．実際にはコンクリートと鋼材間の付着によりずれ変形はこれよりも小さくなるため，この時点では使用上問題となるようなずれ変形は生じないと考えられる．よって，頭付きスタッドを用いた接合部の長期許容耐力は，終局耐力の 1/3 とすることができるとした．

(3.3.1)式の ${}_{hs}n$ は，接合部に配されている頭付きスタッドの本数である．ここでは，長期荷重時に対象とする接合部内の頭付きスタッドが均一に耐力を負担すると考え，1 本あたりの耐力 ${}_{hs}q_{AL}$ を ${}_{hs}n$ 倍している．接合部内で頭付きスタッドが負担する耐力が均一でない場合は，応力勾配等を考慮して頭付きスタッドの量を決定することが望ましい．

（2） 短期許容耐力は地震等の短期的な外力が作用し，その残留変形等が建築物を継続使用する際に支障がない状態の耐力とする．短期許容耐力の状態をずれ変位の許容値で表すために，前述のせん断力－ずれ変位関係を用いて説明する．

解図 3.3.2 に示したせん断力－ずれ変位関係を見ると，長期許容耐力を超えた後に剛性が徐々に軟化した．解表 3.3.3 によると，根元から軸長さの約 1/4 の高さで，根元の引張側とは反対側（図中右側）の側面が，根元とは逆方向の曲げモーメントと引張軸力によって降伏した．この点を解図 3.3.2 中の●印で表す．その時のずれ変位は 0.275～0.8 mm（軸径の約 2.7～3.7 %）であった．これは呼び長さの 1/186～1/363 程度である．この時のせん断力は，終局耐力計算値の 64～73 %程度である．この点から弾性剛性で除荷されるものと仮定すれば，残留変形は 0.15～0.43 mm 程度であり，これは，通常の構造部材の接合部において建築物を継続利用するという観点では，損傷は十分に小さいと考えられる．よって，頭付きスタッドを用いた接合部の短期許容耐力は，終局耐力の 2/3 とすることができるとした．(3.3.3)式の ${}_{hs}n$ も前述の(3.3.1)式と同様に，接合部内で頭付きスタッドが負担する耐力が均一でない場合は，応力勾配等を考慮して頭付きスタッドの量を決定することが望ましい.

頭付きスタッドを用いた接合部において，長期許容耐力を超えた時に頭付きスタッドの一部は降伏しているため，短期許容耐力を経験した後の除荷時には頭付きスタッドの部分的な降伏が生じていることとなっている. このような部分的な降伏を許容するのは，耐震ブレースや増設壁など地震時の短期的な荷重だけを負担する部材の接合部に限る. 短期荷重を経験した後に頭付きスタッドが部分的に降伏した状態で長期荷重を継続的に負担することは危険である. このような部材では短期荷重時においても，頭付きスタッドを降伏させないように長期許容耐力で設計する方法もある.

短期許容耐力を超えた後のせん断力－ずれ変位関係は剛性が低下しながら少しずつ耐力が上昇し，終局耐力に向けて変位が大きくなる. この時，解表 3.3.3 に示すように頭付きスタッドの軸部は全体に引張応力を受けながら根元と軸部がそれぞれ逆方向の曲げモーメントを受けながら変形し，降伏域がさらに広がっていった. このように頭付きスタッドを用いた接合部が終局耐力を発揮するときには，ずれ変形が非常に大きくなっていることを十分に認識しておく必要がある.

解図 3.3.2 に示したせん断力－ずれ変位関係では頭付きスタッドが降伏することで耐力が決定しているが，コンクリート強度が比較的低い場合は，コンクリートの支圧破壊で終局耐力が決まることがある. 建築基準法施行令にも示されているとおり，コンクリートの長期・短期許容圧縮応力度は設計基準強度の 1/3，2/3 であることを考慮し[3.3.3]，コンクリートの支圧破壊で耐力が決まる場合においても，頭付きスタッドの長期許容耐力および短期許容耐力は，それぞれ終局耐力の 1/3，2/3 とした.

【参 考 文 献】

3.3.1） 土木学会：複合構造標準示方書，2009

3.3.2） Ollgaard, J. , Roger, R and Fisher, J. : Shear strength of stud connectors in lightweight and normal weight concrete, AISC Engineering Journal, pp.55-64, 1971.4

3.3.3） 全国官報販売協同組合：建築物の構造関係技術基準解説書 2020，2020

3.4　構 造 細 則

頭付きスタッドの設計における構造細則について，以下に示す.

（1） 頭付きスタッドのピッチは軸径の 7.5 倍以上，かつ 600 mm 以下とする. ゲージは軸径の 5 倍以上とする.

（2） コンクリートの縁辺から頭付きスタッドの軸心までの距離（へりあき）は 100 mm 以上，かつ軸径の 6 倍以上とする. ただし，頭付きスタッドの軸径が 25 mm の場合は，軸径の 10 倍以上とする. コンクリートの端から頭付きスタッドの軸心までの距離（はしあき）は，表 3.4.1 に示す値以上とする.

（3） 頭付きスタッドが溶接されている鋼板（母材）縁辺と頭付きスタッドの軸心との距離は，40 mm 以上とする.

（4） 頭付きスタッドのコンクリートかぶり厚さは，あらゆる方向で 30 mm 以上とする.

（5） 溶接する頭付きスタッドの軸径は，母材板厚の 2.5 倍以下とする. また，頭付きスタッドの軸径が 25 mm の場合は，母材板厚を 12 mm 以上とする. ただし，母材直交方向に鋼板があり，その直上に溶接される場合は母材板厚の制限を設けない.

（6） 構造細則は上記を原則としているが，特別な研究や調査により，頭付きスタッドの耐力が確認できる場合は，（1），（2）および（5）の数値を緩和することができる.

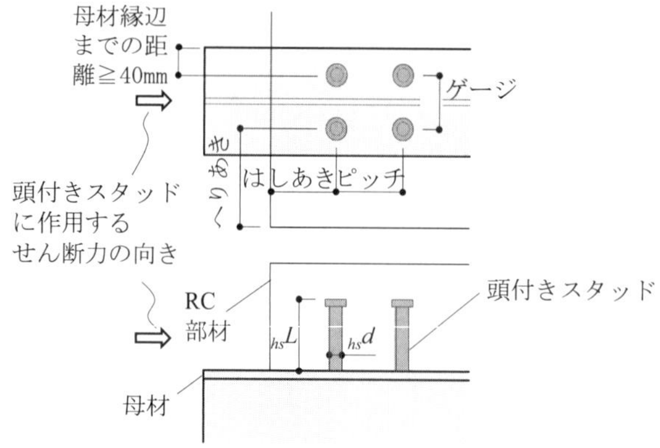

図 3.4.1 ピッチ・ゲージ・へりあき・はしあき

表 3.4.1 はしあきの最小値

$3.5 \leqq {}_{hs}L/{}_{hs}d < 4$	$4 \leqq {}_{hs}L/{}_{hs}d < 6$	$6 \leqq {}_{hs}L/{}_{hs}d$
$10{}_{hs}d$	$11{}_{hs}d$	$12{}_{hs}d$

（1） ピッチおよびゲージ

ピッチとは，図 3.4.1 に示すようにせん断力が作用する方向の頭付きスタッドの中心間距離で，ゲージとは，せん断力が作用する方向と直交する方向の頭付きスタッドの中心間距離である．ピッチ・ゲージの最小値は，頭付きスタッドのせん断耐力が十分に発揮されること，および溶接作業の施工性から定めている[3.4.1)]．ピッチについて，標準押抜き試験に則った等厚スラブの実験資料 183 体[3.4.2)] のうち $7.5{}_{hs}d$ 未満のものは 6 体しかなく，十分な検討ができていないと判断し，軸径の 7.5 倍以上とした．また，ピッチの最大値は本会「各種合成構造設計指針」[3.4.1)]（以下，各種合成指針という）と同じ値 600 mm とした．ゲージが $5{}_{hs}d$ 未満の場合，25 体中 3 体の試験体で実験値が(3.2.2)式による計算値を下回っていたことから，ゲージは頭付きスタッド軸径の 5 倍以上とした．

（2） へりあきおよびはしあき

へりあきとは，図 3.4.1 に示すように頭付きスタッドの軸心からせん断力が作用する方向と直交する方向のコンクリートの縁辺までの距離である．解図 3.4.1 に(3.2.2)式による計算値と実験値（実験資料の最大耐力）の比 ${}_{hs}q_{exp}/{}_{hs}q_u$ とへりあきを軸径 ${}_{hs}d$ で除した値の関係を示す．ここで，かぶり厚さが 30 mm 未満のものと，引張強さが 550 N/mm^2 を超える頭付きスタッド，軽量コンクリート，およびコンクリート強度の試験結果が示されていないものを除外して示している．へりあきは，各種合成指針では 100 mm 以上と規定されているが，本図によれば，へりあきが $6d_{hs}$ 以上の試験体は ${}_{hs}q_{exp}/{}_{hs}q_u$ の値が 1 以上となっているものが多い．したがって，本指針では，100 mm 以上，かつ軸径の 6 倍以上とした．軸径が 25 mm の頭付きスタッドに対しては，解図 3.4.1 からわかるように，へりあきを軸径 ${}_{hs}d$ で除した値が，9.5 および 13.5 の場合しか実験資料がないが，おおむね ${}_{hs}q_{exp}/{}_{hs}q_u$ が 1 以上となっているため，数値を丸めて軸径の 10 倍以上とした．

はしあきとは，図 3.4.1 中に示すように頭付きスタッドに作用するせん断力の方向のコンクリー

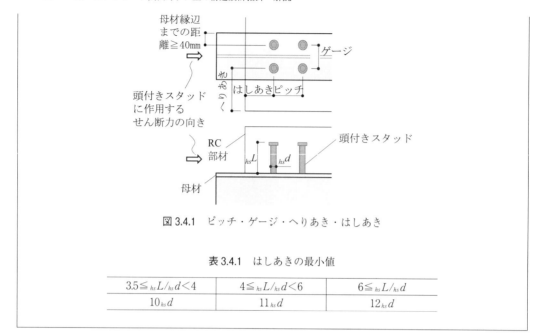

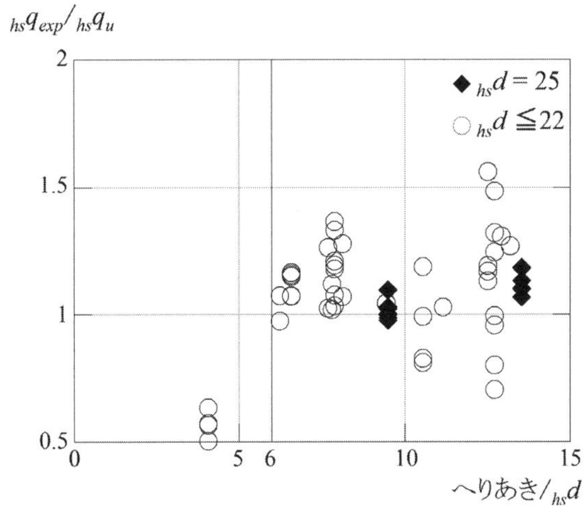

解図 3.4.1　実験耐力とへりあきの関係

トの端から頭付きスタッドの軸心までの距離である．はしあきについては，(3.2.2)式の耐力を発揮させるためには，はしあき方向に頭付きスタッドがせん断力を受けた場合のコーン状破壊（本節ではコーン状破壊と呼ぶ）が生じないように，寸法を決定する必要がある．各種合成指針に示されているコーン状破壊により決まる場合の頭付きアンカーボルト1本あたりの許容せん断力 $_{anc}q_A$ を(解3.4.1)に示す．

$$_{anc}q_A = {}_{anc}\phi \cdot {}_c\sigma_t \cdot A_{qc} \qquad (解 3.4.1)$$

$$A_{qc} = 0.5\pi c^2 \qquad (解 3.4.2)$$

ここで，式中の記号の定義は下記のとおりである．

$_{anc}\phi$：低減係数で短期荷重用は 2/3 とする．

$_c\sigma_t$：コーン状破壊に対するコンクリートの引張強度で $_c\sigma_t = 0.31\sqrt{F_c}$ とする．

A_{qc}：せん断力に対するコーン状破壊面の投影面積〔解図 3.4.2 参照〕．

c：はしあき

いずれも短期許容耐力時として考えた場合，コーン状破壊が生じない条件は，$2/3\,{}_{hs}q_u < {}_{anc}q_A$ より，(解 3.4.3)式となる．

$$c/_{hs}d > 2.1\frac{_cE^{0.15}}{F_c^{\ 0.1}}\left(\frac{_{hs}L}{_{hs}d}\right)^{1/4} \qquad (解 3.4.3)$$

(解 3.4.3)式より，必要なはしあきはコンクリート設計基準強度 F_c，コンクリートヤング係数 $_cE$，頭付きスタッドの径長比 $_{hs}L/_{hs}d$ から影響を受ける．F_c を 21，36，48，60 N/mm^2 とし，(解 3.4.3)式で求めたはしあきを軸径 $_{hs}d$ で除した値と $_{hs}L/_{hs}d$ の関係を解図 3.4.3 に示す．同図によれば，本指針の中で最小の設計基準強度である F_c=21 N/mm^2 の場合が最も大きなはしあきを必要とすることがわかる．この検討から，はしあきの最小値を表 3.4.1 に示すように定めた．なお，この値は頭付きスタッドの周囲に耐力上有効な鉄筋等が配されていない場合の値である．頭付きスタッドを対象としたコーン状破壊に関する研究はほとんどないため，表 3.4.1 の値を守るとともに，耐力に

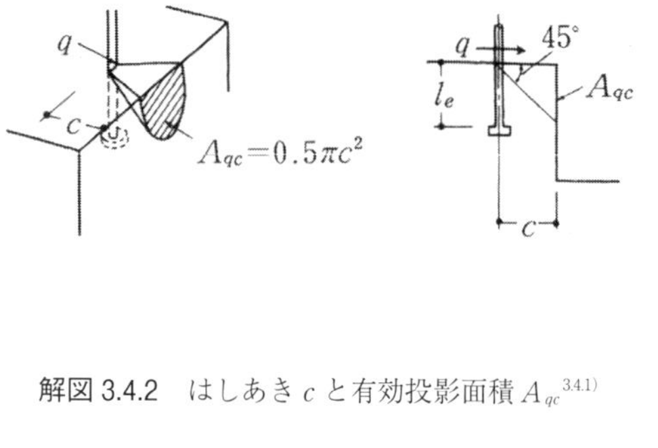

解図 3.4.2　はしあき c と有効投影面積 A_{qc} [3.4.1)]

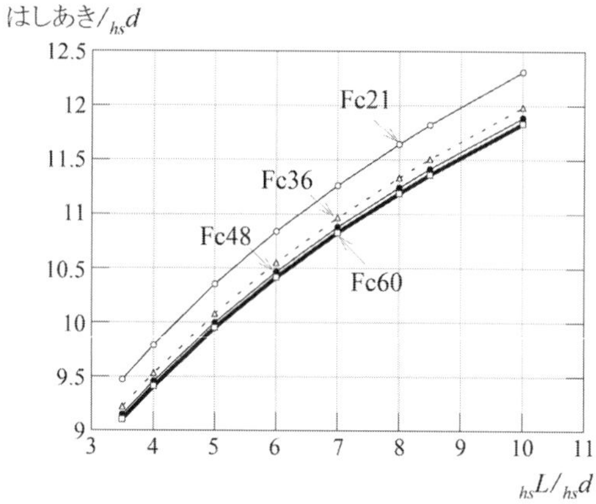

解図 3.4.3　頭付きスタッドの耐力とコーン状破壊耐力が等しくなるときのはしあき

有効な補強筋を設けるなど対策を講じることが望ましい．3.2.2 項の解説（6）c）および解図 3.2.9 (c) に補強および応力伝達の例を示している．

（3）　頭付きスタッドが溶接されている鋼板（母材）縁端と頭付きスタッド軸心までの距離

母材縁端と頭付きスタッド軸心までの距離は，各種合成指針の値を採用している．この距離は，頭付きスタッドがせん断力を伝達するという機能上からはあまり問題ではないと同指針に記されているが，実験報告[3.4.4)] によれば，この距離が小さいと溶接時にアークブローが生じ，溶接部ひいては母材に悪い影響を及ぼす恐れがあるとされている．

（4）　コンクリートのかぶり厚さ

コンクリートのかぶり厚さは，各種合成指針に示されているように，頭付きスタッドを部材の鉄筋とみなして，耐火上および耐久性の観点から 30 mm 以上と定めた．

（5）　頭付きスタッドの軸径と母材板厚

溶接する頭付きスタッドの軸径については，母材板厚の 2.5 倍以下とした[3.4.1)]．解表 3.4.1 に本指針の満たす母材の板厚を示す．なお，本指針では板厚の上限は設けていないが，一般的な建築構造物に用いられる板厚，材質に溶接されることを想定している．本会「鉄骨工事技術指針・工場製作編」[3.4.5)] には頭付きスタッド軸径・母材板厚の組合せが示されており，呼び名 10 および 25 の頭付きスタッドに関しては，各種論文や施工試験の実施結果を参考にする必要があるとされている．

本指針では，呼び名 25 の太径の頭付きスタッドも (3.2.2) 式の適用範囲に含めているが，軸径を母材板厚の 2.5 倍以下とすると，母材の板厚は 10 mm 以上必要となる．文献 3.4.6) では，母材材質を SS400 とした場合について，母材の板厚が 9 mm 以下では頭付きスタッドの軸方向に引張力が働いた場合に母材の変形が発生したり，母材栓抜けになる可能性があること，12 mm 以上では特に問題なく溶接ができることが示されている．したがって，呼び名 25 の場合については，母材板厚を 12 mm 以上とする制限を設けた．

また，頭付きスタッドの軸径に関係なく，母材直交方向に鋼板があり，その直上に頭付きスタッ

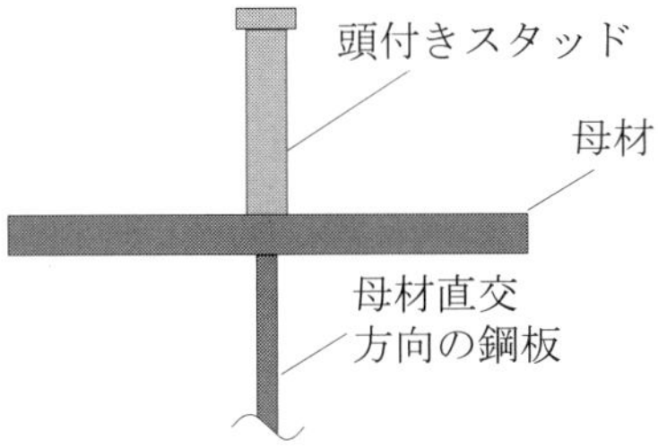

解図 3.4.4　頭付きスタッドと母材

解表 3.4.1　頭付きスタッド軸径と母材板厚の組合せ

軸径（mm）	母材の板厚（mm）
13	6～
16	6.5～
19	8～
22	10～
25	12～

ドが溶接される場合〔解図 3.4.4 参照〕は，母材板厚の制限を受けないこととした.

（6）　その他

本指針では，押抜き試験に基づいた頭付きスタッドのせん断耐力の評価式を示している．頭付きスタッドのせん断耐力は，周辺の RC 部材の状況によって強い影響を受けることがわかっている[3.4.1)]ものの，現時点では，頭付きスタッドを合成梁以外に適用した研究が僅少で，さらに周囲の補強筋等が頭付きスタッドの耐力に及ぼす影響に関する研究も乏しい．そのため，(3.2.2)式の終局耐力評価式は，補強筋や周辺 RC 部材による影響や効果を考慮していない．したがって，特別な研究や実験により頭付きスタッドの耐力が確認できる場合は，本文の（1），（2）および（5）の数値を緩和することができるとした．なお，（3），（4）の溶接による母材への影響や耐火性・耐久性に関するものは緩和できない．頭付きスタッドを機械的ずれ止めとして用いる部位が決まっている場合は，それらについて記された他の指針類も参照していただきたい．参考として解表 3.4.2 に，他の指針類に記されている頭付きスタッドに関する構造細則の主なものを示している．ただし，解表 3.4.2 では，指針類に示されている詳細な条件等を省略しているものもあるため，適用にあたっては各指針類を確認していただきたい.

【参 考 文 献】

3.4.1）日本建築学会：各種合成構造設計指針・同解説，2010
3.4.2）島田侑子，福元敏之，城戸將江，鈴木英之，馬場望，田中照久：補正係数による頭付きスタッドの終局せん断耐力式の提案，日本建築学会構造系論文集，Vol. 83，No.750，pp.1205-1215，2018.8
3.4.3）大谷恭弘，石川孝重，渡部健太，佐々木一明，稲本晃士，内海祥人：太径 φ25 頭付きスタッドの押抜きせん断実験と強度評価，日本建築学会大会学術講演梗概集，構造Ⅲ，pp.1375-1376，2014.9
3.4.4）矢部善堂，中辻照幸，野田紀一郎，村井義則：スタッド溶接に関する実験的研究（スタッド溶接が母材に及ぼす影響について，その1，その2），日本建築学会大会学術講演梗概集，pp.1115-1118，1974.10
3.4.5）日本建築学会：鉄骨工事技術指針・工場製作編，2018
3.4.6）石川孝重，中島章典，渡部健太，青木一賀，内海祥人，稲本晃士：頭付きスタッド太径 φ25 溶接性確認試験，第 10 回複合・合成構造の活用に関するシンポジウム，pp.55-1-55-4，2013.11
3.4.7）日本建築防災協会：2017 年改定版既存鉄筋コンクリート造建築物の耐震改修設計指針同解説，2017.7
3.4.8）土木学会：2014 年制定　複合構造標準示方書　設計編，2015
3.4.9）日本道路協会：道路橋示方書・同解説Ⅱ鋼橋・鋼部材編，2017
3.4.10）European Committee for Standardization: Eurocode 4: Design of composite steel and concrete

解表 3.4.2 各種指針類における頭付きスタッドに関する主な構造細則

指針類 部位	$_{hs}d$・$_{hs}L$	ピッチ・ゲージ	その他スタッド位置	その他
各種合成指針[3.4.1)] 合成梁	$_{hs}d$: 13 mm 以上 22 mm 以下 $_{hs}L/_{hs}d \geqq 4.0$	ピッチ：軸径の 7.5 倍以上で，かつ 600 mm 以下 ゲージ：軸径の 5 倍以上	鉄骨梁フランジ縁と頭付きスタッドの軸心との距離：40 mm 以上 床スラブの縁辺から頭付きスタッド軸心までの距離：100 mm 以上	コンクリートかぶり厚：あらゆる方向に 30 mm 以上
各種合成指針[3.4.1)] S+RC 壁	同上	同上	RC 壁の四周に配置し，その最大間隔は 600 mm	スタッド回りは，スパイラルフープなどで補強
耐震改修[3.4.7)] RC フレーム＋枠付き鉄骨ブレース	$_{hs}d$: 16 mm, 19 mm $_{hs}L/_{hs}d \geqq 6.0$	ピッチ 250 mm 以下 ゲージ 60 mm 以上	鉄骨枠に対するへりあき：60 mm 以上 鉄骨枠に対するはしあき 30 mm 以上 60 mm 以下	—
標準示方書[3.4.8)]	$_{hs}d$: 10 mm ～25 mm（JIS B 1198: 2011 の規格を満足）	最大間隔： 合成はり部材では床版コンクリートの厚さの 3 倍，かつ 600 mm，一般的な鋼とコンクリートの合成床版では，250 mm 程度 最小間隔：合成はりにおいてはピッチを $5_{hs}d$ または 100 mm，ゲージを $_{hs}d+30$ mm とするのがよい，一般的な鋼とコンクリートの合成床版では，100 mm 程度	合成はり，軸部の縁と鋼桁フランジ縁との純間隔は 25 mm	フランジの板厚 10 mm 以上
道路橋示方書[3.4.9)] コンクリート系床板を有する鋼桁	$_{hs}d$: 19 mm, 22 mm のものを標準とする	最大間隔：コンクリートの厚さの 3 倍，かつ 600 mm（床版と鋼桁のずれ止め機能を満足） 最小間隔：ピッチを $5_{hs}d$ または 100 mm，ゲージを $_{hs}d+30$ mm	スタッドの幹とフランジ縁との最小純間隔は 25 mm	—
EC4[3.4.10)]	16 mm $\leqq$ $_{hs}d \leqq 25$ mm $_{hs}L/_{hs}d \geqq 3$ 頭部直径は $1.5_{hs}d$ 以上，頭部厚は $0.4_{hs}d$ 以上	最大中心間隔：スラブ厚の 6 倍以下，800 mm 以下 ピッチ：$5_{hs}d$ 以上 ゲージ：等厚スラブ $2.5_{hs}d$ 以上，それ以外の場合 $4_{hs}d$ 以上	スラブ縁辺から頭付きスタッドの軸心までの距離：$6_{hs}d$ 以上 スタッドの縁と鉄骨梁のフランジ縁の距離は 20 mm 以上	耐疲労性の証明がなければ $_{hs}d$ はフランジ厚の 1.5 倍以下，かぶり厚 20 mm
AISC[3.4.11)] 合成梁	$_{hs}d \leqq 19$ mm $_{hs}L/_{hs}d \geqq 4.0$ $_{hs}d$ は母材板厚の 2.5 倍以下（ウェブの直上に溶接する場合以外）	最大間隔：スラブ厚さの 8 倍，かつ 36 インチ（900 mm）以下 ピッチ 合成梁の材軸方向（ピッチ） $6_{hs}d$，ゲージ $4_{hs}d$	スラブ縁辺から頭付きスタッドの軸心までの距離：200 mm（普通コンクリート），250 mm（軽量コンクリート）	コンクリートのかぶり厚：25 mm（側面，せん断力と直交方向）
AISC[3.4.11)] 合成要素せん断のみ	$_{hs}L/_{hs}d \geqq 5.0$	—	—	—

［注］本表では，指針類に示されている詳細な条件等を省略しているものもある．
部位については，指針類に明示されている場合のみ記載している．

structures — Part 1-1: General rules and rules for buildings（EN 1994-1-1:2004）, 2009
3.4.11）American Institute of Steel Construction: Specification for Structural Steel Buildings, 2016.7

4章　孔あき鋼板ジベル

4.1　適 用 範 囲

（1）　本章の規定は，鋼とコンクリートの接触面の応力を伝達する孔あき鋼板ジベルを対象として，終局耐力および許容耐力による接合部の耐力計算に適用する．
（2）　孔あき鋼板ジベルの周囲は鉄筋コンクリートとする．
（3）　多数回繰り返し荷重や大きな衝撃荷重の作用する箇所には適用しない．
（4）　アンカーとしての適用は適用範囲外とする．

（1）　機械的ずれ止めの中に，解図 4.1.1 に示す Leonhardt 等によって提唱された孔あき鋼板ジベル（英文表記 Perfobond strip，独文表記 Perfobond-Leisten，略記 PBL）[4.1.1), 4.1.2)] がある．かかるジベルは，複数の円孔（ジベル孔）を有する鋼板を鋼部材に溶接して，円孔に充填されたコンクリートがせん断力に抵抗し，鋼部材と鉄筋コンクリート（以下，RC という）部材との機械的ずれ止めとして機能するものである．土木構造において，孔あき鋼板ジベルが多用され，土木学会「複合構造標準示方書」[4.1.3)]（以下，土木示方書という）では，孔あき鋼板ジベルの終局せん断耐力式およびせん断力－ずれ変位関係モデルが提示されている．孔あき鋼板ジベルは，強度，剛性が高く，ディテールが簡易で生産性向上が図られる等の特長を有することから，今後の建築構造での適用を鑑みて，本指針では，建築構造物の構造設計法を提示することにした．

孔あき鋼板ジベルの建築構造物への適用に際しては，土木構造に比較して，応力伝達する接合部が狭小であるため，解図 4.1.1 に示す貫通鉄筋やジベル上部のコンクリートかぶり部分の拘束応力による耐力上昇を的確に評価する必要がある．そこで，本指針では，拘束応力を考慮した孔あき鋼板ジベルの終局せん断耐力評価式[4.1.4)] を新たに検討し，設計用検討式として提示する．

本章では，孔あき鋼板ジベルに関して，新たに提案した単一孔のジベルを対象とした終局せん断

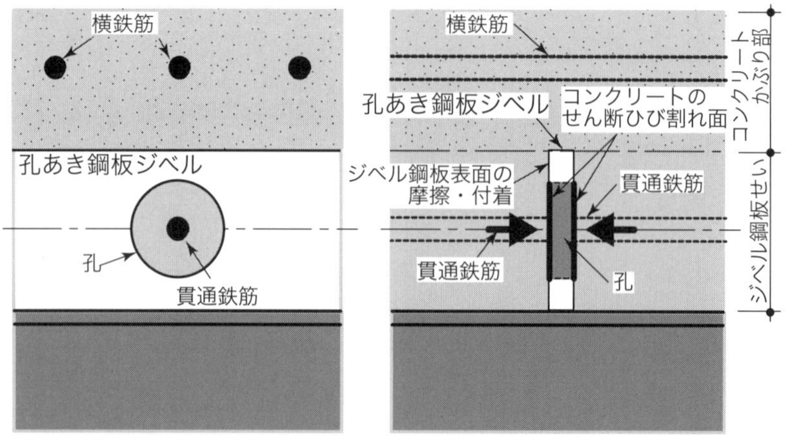

解図 4.1.1　孔あき鋼板ジベルの抵抗機構

耐力評価式に基づき，現実の建物適用における複数孔のジベル鋼板の並列配置等を対象としたディテールに対する耐力評価法を提示する．

（2）　孔あき鋼板ジベルの接合ディテールとして，解図 4.1.1 に示すコンクリートかぶり部により，ジベル鋼板が拘束され，十分な耐力を発揮し，ずれ止め特性が向上することから，孔あき鋼板ジベルの周囲は，鉄筋コンクリートとすることを基本とした．また，孔部には，貫通鉄筋を配置することにより，孔部が拘束され，耐力低下も小さくなることから，貫通鉄筋を配置するのがよい．なお，ジベル鋼板表面の摩擦力・付着力が十分発揮されるようにするため，コンクリートの充填は確実に行うことを基本としている．

（3）　多数回繰返し荷重あるいは衝撃荷重による研究例は，建築分野において見られず，検討方法は今後の課題であり，本指針の対象外とした．

（4）　本指針は，鋼とコンクリートの接触面のずれを機械的に拘束することによって，両者間のせん断力を伝達する機械的ずれ止めを対象としたものであり，孔あき鋼板ジベルをアンカーとして用いる場合は適用範囲外である．

【参 考 文 献】

4.1.1)　Leonhardt, F., Andrä, W., Andrä, H. P. and Harre, W.: Neues, vorteilhaftes Verbundmittel fur Stahlverbund-Tragwerke mit hoher Dauerfestigkeit, Beton und Stahlbetonbau, 82 Heft 12, pp. 325-331, 1987

4.1.2)　土木学会：複合構造ずれ止めの抵抗機構の解明への挑戦，複合構造レポート 10，2014

4.1.3)　土木学会：2014 年度制定　複合構造標準示方書［原則編・設計編］，2015

4.1.4)　福元敏之：摩擦・付着を考慮した拘束応力下に於ける孔あき鋼板ジベルの終局せん断耐力，日本建築学会構造系論文集，Vol.82，No.742，pp.1935-1944，2017.12

4.2　終局耐力設計

（1）　孔あき鋼板ジベルによる鋼・コンクリート接合部の設計

孔あき鋼板ジベルの終局せん断耐力 ${}_{ps}Q_U$ は，(4.2.1)式を満足するものとする．

$$ {}_{ps}\phi \cdot {}_{ps}Q_U \geqq Q_{dU} \tag{4.2.1}$$

記号　${}_{ps}\phi$：耐力低減係数（＝0.90）

${}_{ps}Q_U$：孔あき鋼板ジベルの終局せん断耐力

Q_{dU}：終局時の接合部に作用する設計用せん断力

（2）　孔あき鋼板ジベルの終局せん断耐力

孔あき鋼板ジベルの終局せん断耐力 ${}_{ps}Q_U$ は，ジベル孔 1 個あたりのコンクリートの終局せん断耐力 ${}_{ps}q_{cu}$ とジベル鋼板とコンクリートの摩擦・付着耐力 ${}_{ps}q_b$ を用いた(4.2.2)式による．

$$ {}_{ps}Q_U = {}_{p}n({}_{h}n \cdot {}_{ps}q_{cu} + {}_{ps}q_b) \tag{4.2.2}$$

記号　${}_{p}n$：ジベル鋼板の並列配置数

${}_{h}n$：ジベル鋼板 1 枚あたりの孔数

【コンクリートの終局せん断耐力】

ジベル孔 1 個あたりのコンクリートの終局せん断耐力 ${}_{ps}q_{cu}$ は，ジベル孔内のコンクリートのせん断ひび割れ耐力 ${}_{ps}q_c$ に，せん断面に作用する拘束応力による耐力上昇を考慮した耐力上昇率 ${}_{ps}\alpha$ と耐力補正倍率 ${}_{ps}\beta$ を乗じた(4.2.3)式により算定する．ジベル孔内のコンクリートのせん断ひび割れ耐力 ${}_{ps}q_c$ は，(4.2.4)式により，耐力上昇率および耐力補正倍率は，おのおの(4.2.5)式および(4.2.6)式による．

$$ {}_{ps}q_{cu} = {}_{ps}\alpha \cdot {}_{ps}\beta \cdot {}_{ps}q_c \tag{4.2.3}$$

$$_{ps}q_c = 2_cA \cdot {_c\tau_c} \qquad (4.2.4)$$

ここで，$_c\tau_c = 0.5\sqrt{F_c}$，$_cA = \dfrac{\pi \cdot {_{ps}d^2}}{4}$

$$_{ps}\alpha = 3.28\sigma_n^{0.387}\ （\sigma_n \geqq 0.0464 の場合），\ _{ps}\alpha = 1.0\ （\sigma_n < 0.0464 の場合） \qquad (4.2.5)$$

$$_{ps}\beta = 1.3 \qquad (4.2.6)$$

記号　$_{ps}\alpha$：耐力上昇率
$_{ps}\beta$：耐力補正倍率
$_{ps}q_c$：ジベル孔内のコンクリートのせん断ひび割れ耐力（N）
$_cA$：ジベル孔1個あたりにおける孔内のコンクリートの断面積（mm^2）
$_c\tau_c$：コンクリートのせん断ひび割れ強度（N/mm^2）
F_c：コンクリートの設計基準強度（N/mm^2）
$_{ps}d$：ジベル孔の直径（mm）
σ_n：コンクリートかぶり部および貫通鉄筋の拘束力による耐力上昇率の算定に用いる拘束応力度（N/mm^2）

【鋼板とコンクリートの摩擦・付着耐力】

ジベル鋼板とコンクリートの摩擦・付着耐力$_{ps}q_b$は，(4.2.7)式による．ジベル鋼板の表面処理状態は，黒皮（赤錆を含む）に限定する．

$$_{ps}q_b = 0.30 \cdot \sigma_n \cdot A_b \cdot {_hn} + 0.15(A_s - 2_cA \cdot {_hn}) \qquad (4.2.7)$$

ここで，$A_b = 2\left(A_p - \dfrac{\pi \cdot {_{ps}d^2}}{4}\right)$，$A_s = 2_{ps}h \cdot {_{ps}l}$，$A_p = \pi \cdot {_{ps}R^2}$，$_{ps}R = \min\{_dh,\ _{ps}h - {_dh}\}$

記号　A_b：拘束力が作用するジベル鋼板部分の有効面積（mm^2）
A_s：ジベル鋼板の側面とコンクリートの接触面積（mm^2）
$_{ps}h$：ジベル鋼板のせい（mm）
$_{ps}l$：ジベル鋼板の長さ（mm）
A_p：拘束力が作用する部分の有効面積（mm^2）
$_{ps}R$：ジベル孔の中心からジベル鋼板の縁端までの最小距離
$_dh$：ジベル孔の中心からジベル鋼板の上端までの距離（mm）〔図4.2.1参照〕

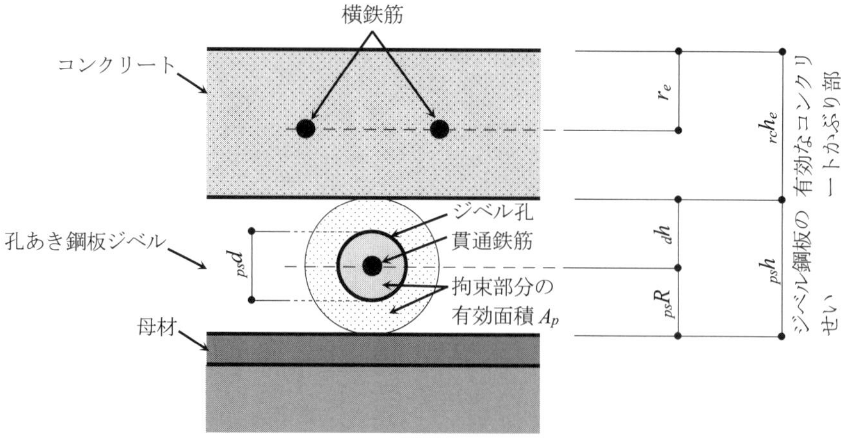

図4.2.1　拘束力が作用するジベル鋼板部分の有効面積

【拘束応力度】

ジベル孔1個あたりの(4.2.5)式の耐力上昇率の算定に用いる拘束応力度および(4.2.7)式の摩擦・付着面に作用する拘束応力度は(4.2.8)式，貫通鉄筋による拘束応力度は(4.2.9)式およびコンクリートかぶり部による拘束応力度は，(4.2.10)式による．

$$\sigma_n = {}_{pr}\sigma_r + {}_{rc}\sigma_r \tag{4.2.8}$$

$${}_{pr}\sigma_r = \frac{{}_{pr}a \cdot \frac{2}{3}\,{}_{pr}\sigma_y}{A_p} \tag{4.2.9}$$

$${}_{rc}\sigma_r = \frac{{}_{rc}P_r}{A_p} \tag{4.2.10}$$

ここで，$\displaystyle {}_{rc}P_r = \frac{{}_c\sigma_b}{\dfrac{({}_{rc}h_e - y_G)\cdot({}_{rc}h_e - y_G + {}_dh)}{I_n} + \dfrac{1}{A_n}}$，${}_c\sigma_b = 0.56\sqrt{F_c}$，

$$y_G = \frac{{}_eB \cdot \dfrac{{}_{rc}h_e^{\,2}}{2} + (n-1)\,{}_ra_1 \cdot r_e}{A_n},\quad n = \frac{{}_sE}{{}_cE}$$

$$I_n = \frac{{}_eB \cdot {}_{rc}h_e^{\,3}}{12} + {}_eB \cdot {}_{rc}h_e\left(y_G - \frac{{}_{rc}h_e}{2}\right)^2 + (n-1)\,{}_ra_1\,(r_e - y_G)^2$$

$$A_n = {}_eB \cdot {}_{rc}h_e + (n-1)\,{}_ra_1$$

記号　${}_{pr}\sigma_r$：貫通鉄筋による拘束応力度（N/mm^2）

${}_{rc}\sigma_r$：コンクリートかぶり部による拘束応力度（N/mm^2）

${}_{pr}a$：貫通鉄筋の断面積（mm^2）

${}_{pr}\sigma_y$：貫通鉄筋の材料強度で，295（N/mm^2）とする

${}_{rc}P_r$：コンクリートかぶり部による拘束力（N）

${}_c\sigma_b$：コンクリートかぶり部の曲げひび割れ強度（N/mm^2）

${}_{rc}h_e$：コンクリートかぶり部の有効せい（mm）

y_G：有効なコンクリートかぶり部の等価断面の図心から表面までの距離（mm）

${}_dh$：ジベル孔の中心からジベル鋼板の上端までの距離（mm）〔図 4.2.1 参照〕

I_n：ジベル孔 1 個あたりの有効なコンクリートかぶり部の中立軸に関する等価断面二次モーメント（mm^4）

A_n：ジベル孔 1 個あたりの有効なコンクリートかぶり部の等価断面積（mm^2）

${}_eB$：ジベル孔 1 個あたりのコンクリートかぶり部の有効幅（mm）

${}_ra_1$：ジベル孔 1 個あたりの有効幅 ${}_eB$ 内に配置される横鉄筋の断面積（mm^2）であり，${}_ra_1 = {}_ra/{}_hn$

${}_ra$：コンクリートかぶり部の有効幅および有効せい内に配置される横鉄筋の断面積（mm^2）〔図 4.2.2 参照〕

r_e：有効なコンクリートかぶり部の表面から横鉄筋の重心までの距離（mm）〔図 4.2.1～4.2.3 参照〕

n：ヤング係数比

${}_cE,\ {}_sE$：コンクリートおよび横鉄筋のヤング係数（N/mm^2）で，表 2.2.1 による

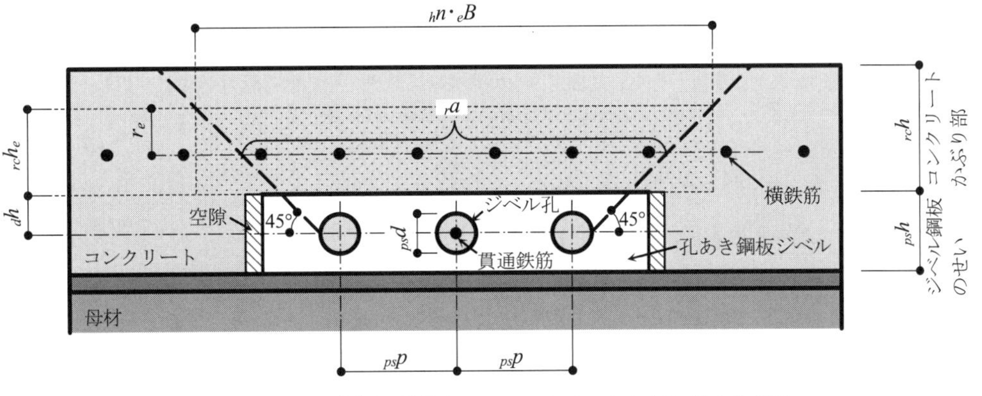

図 4.2.2　ジベル鋼板の材軸方向のコンクリートかぶり部の有効幅

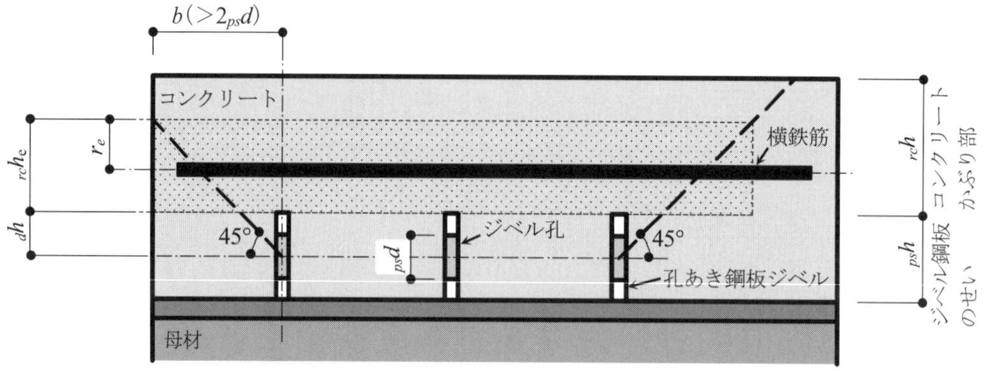

図 4.2.3　コンクリートかぶり部の寸法

【コンクリートかぶり部の有効幅】

孔 1 個あたりのコンクリートかぶり部の有効幅 ${}_{e}B$ は，図 4.2.2 を想定して(4.2.11)式による．

$$\left.\begin{array}{ll} \text{単一孔または } {}_{ps}p \geqq 2\left(\dfrac{{}_{ps}d}{2}+{}_{d}h+{}_{rc}h_e\right) \text{ の場合} & : {}_{e}B={}_{ps}d+2({}_{d}h+{}_{rc}h_e) \\ {}_{ps}p<2\left(\dfrac{{}_{ps}d}{2}+{}_{d}h+{}_{rc}h_e\right) \text{ の場合} & : {}_{e}B=\dfrac{({}_{h}n-1){}_{ps}p+{}_{ps}d+2({}_{d}h+{}_{rc}h_e)}{{}_{h}n} \end{array}\right\} \quad (4.2.11)$$

記号　${}_{ps}p$：隣り合うジベル孔の中心間距離（mm）

【コンクリートかぶり部の有効せい】

コンクリートかぶり部の有効せい ${}_{rc}h_e$ は，図 4.2.3 を想定して(4.2.12)式による．

$$ {}_{rc}h_e=\min\{{}_{rc}h,\ {}_{rc}h_{45},\ 5{}_{ps}d\} \quad (4.2.12)$$

$${}_{rc}h_{45}=b-{}_{d}h,\ \text{ただし，}\ b>2{}_{ps}d$$

記号　${}_{rc}h$：コンクリートかぶり部のせい（mm）

b：ジベル鋼板の板厚の中心からコンクリートの縁端までの最小距離（mm）〔図 4.2.3 参照〕

（3）　ジベル鋼板の孔間部の設計

ジベル孔間のジベル鋼板部は，(4.2.13)式を満足するものとする．ジベル孔間のジベル鋼板部の降伏せん断耐力は，(4.2.14)式による．

$${}_{h}n\cdot{}_{ps}q_{cu}+{}_{ps}q_b<{}_{s}q_y \quad (4.2.13)$$

$${}_{s}q_y=1.66\frac{F_y}{\sqrt{3}}\cdot({}_{ps}l-{}_{h}n\cdot{}_{ps}d)\cdot{}_{ps}t \quad (4.2.14)$$

記号　${}_{s}q_y$：隣り合うジベル孔間のジベル鋼板部における降伏せん断耐力（N）

F_y：ジベル鋼板の材料強度（N/mm^2）

${}_{ps}t$：ジベル鋼板の厚さ（mm）

（4）　ジベル鋼板と母材との接合部の設計

ジベル鋼板と母材の溶接部は，孔あき鋼板ジベルの終局せん断耐力を上回る耐力を有するように設計する．

1.　単一孔の耐力評価

（1）　孔あき鋼板ジベルの耐力評価

a）　耐力評価基本式の構成

ジベル鋼板（以下，鋼板という）1 枚に単一のジベル孔（以下，孔という）が設けられた孔あき鋼板ジベルの終局耐力評価式は，文献 4.2.1）に基づき，解図 4.1.1 に示す貫通鉄筋およびコンクリートかぶり部の拘束応力度による耐力上昇を考慮した評価式として提示したもので，(4.2.3)式で求められる孔部分のコンクリートの終局せん断耐力（${}_{ps}q_{cu}$）と，(4.2.7)式で求められる鋼板表面とコンクリートとの摩擦・付着耐力（${}_{ps}q_b$）の和としている．

孔あき鋼板ジベルにおける孔部のコンクリートの抵抗機構としては，孔部に充填された内部コンクリートとそれより外側のコンクリートとの間にせん断ひび割れが発生し，ひび割れ以後，ひび割れ面にずれが生じるが，骨材のかみ合わせ等によって，周囲のコンクリートを押し広げようとする力が生じ，これを拘束する力があれば，孔内のコンクリートのせん断耐力は上昇すると考えられている．そこで，孔内のコンクリートの終局せん断耐力に関して，本指針では，せん断ひび割れ以後，上述の押し広げようとする拘束する力がなければせん断ひび割れ耐力となるが，拘束力が働けば耐力の上昇が見込まれるので，せん断ひび割れ耐力を基準とし，貫通鉄筋や鋼板上部のコンクリートかぶり部の拘束応力度による耐力の上昇を既往の実験資料に基づき求められた評価式によっている．よって，孔内のコンクリートのせん断力による終局せん断耐力（${}_{ps}q_{cu}$）は，(4.2.3)式に示すように，コンクリートのせん断ひび割れ耐力（${}_{ps}q_c$）を基本として，拘束力によるひび割れ耐力から終局耐力までの耐力上昇率（${}_{ps}\alpha$）と耐力補正倍率（${}_{ps}\beta$）を乗じて求める．耐力上昇率（${}_{ps}\alpha$）は，(4.2.5)式のように，拘束応力度（σ_n）による式で，拘束応力度（σ_n）は，貫通鉄筋およびコンクリートかぶり部の拘束応力度によって(4.2.8)式として与えられる．

他方，鋼板表面とコンクリートとの摩擦・付着耐力（${}_{ps}q_b$）について，既往の実験によると，最大耐力以降，急激な耐力低下を示すことから，最大耐力以降の安定する残留耐力に基づく摩擦・付着耐力である(4.2.7)式を累加している．なお，(4.2.7)式は，鋼板表面が黒皮（赤錆を含む）の場合を対象としたものである．

孔内のコンクリートの終局せん断耐力における貫通鉄筋およびコンクリートかぶり部の拘束応力度による耐力上昇式の構築は，解図 4.2.1 に示す 3 形式の既往研究における試験体の実験結果によって，3 段階で評価法を検討している．第 1 段階は，基本となる拘束応力度とせん断ひび割れ耐力以後の耐力上昇の関係を求めるため，拘束応力度が明確に把握できる拘束力を外力として作用させた単一孔からなる鋼板上部に，コンクリートかぶり部がない無かぶり試験体〔解図 4.2.1(a)参照〕を用いて，拘束応力度とせん断耐力上昇の評価法を検討している．第 2 段階は，貫通鉄筋による拘束応力度を評価するため，貫通鉄筋の軸応力度によって，貫通鉄筋を有する無かぶり試験体〔解図 4.2.1(b)参照〕に第 1 段階の拘束応力度によるせん断耐力上昇の評価法を適用し，実験結果との比較検討を行っている．第 3 段階として，実構造物の一般的な接合部形状となるコンクリートかぶり部を有する接合部〔解図 4.2.1(c)参照〕に対して，コンクリートかぶり部による拘束応力度の評価法を検討している．

b）　摩擦・付着の耐力評価

本指針では，鋼板とコンクリートの接触面における摩擦・付着力は，文献 4.2.2）に基づき評価している．鋼板とコンクリート間の摩擦・付着によるせん断応力度は，解図 4.2.2 に示す応力度－ずれ変位関係の様相を示し，最大せん断応力度（τ_m）に達した以後，応力度が低下し，応力度が安定する残留せん断応力度（τ_r）に至ることが示されている．せん断応力度－ずれ変位度関係に関する実験結果の一例を解図 4.2.3 に示す．文献 4.2.2）は，既往の実験資料を鋼板とコンクリートの接触面の状態において分類し，拘束応力度と最大せん断応力度の関係および最大せん断応力度以降

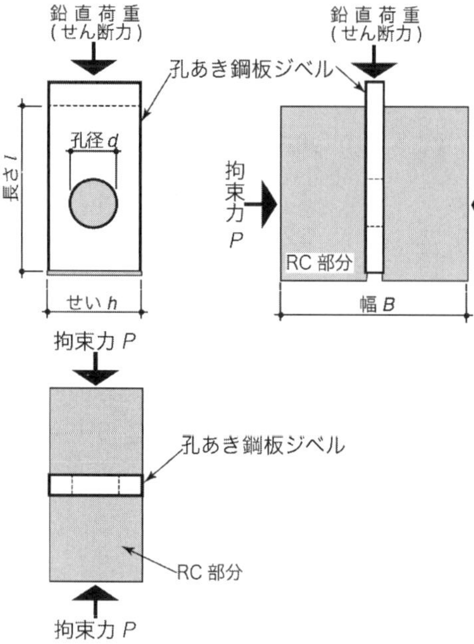

(a) 無かぶり拘束応力形式（第1段階）

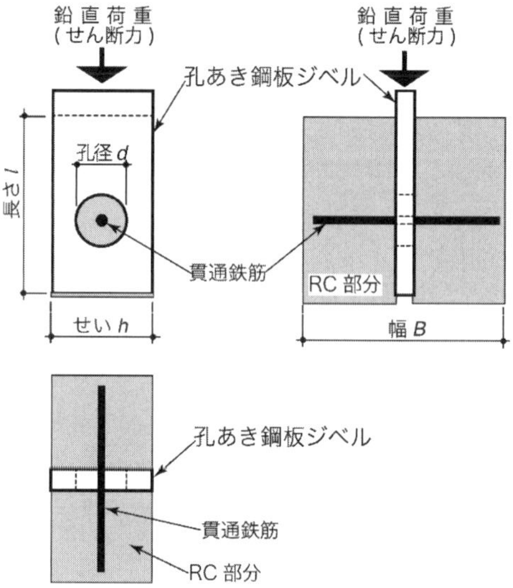

(b) 無かぶり貫通鉄筋形式（第2段階）

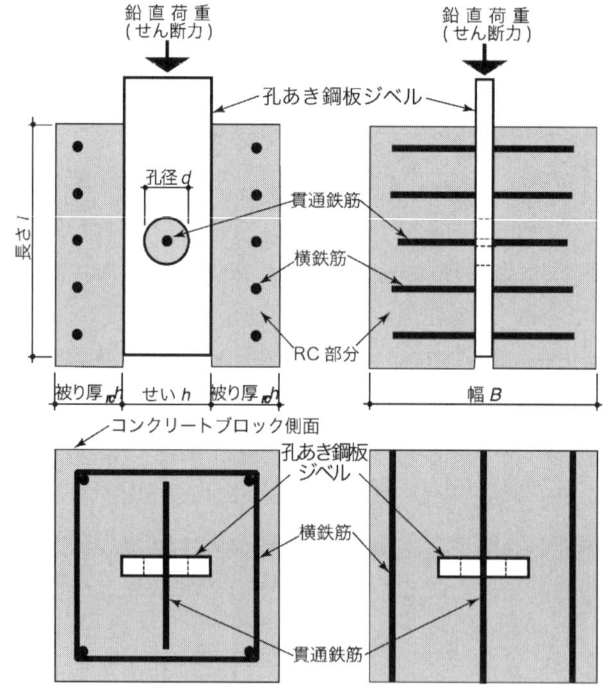

(c) コンクリートかぶり形式（第3段階）

解図 4.2.1 各段階の実験

の応力度が安定する残留せん断応力度について分析し，実験資料が僅少なコンクリート設計基準強度 F_c＝60 N/mm^{2}や高い拘束応力度の実験を行って，接触面のせん断応力度の性状を把握してい

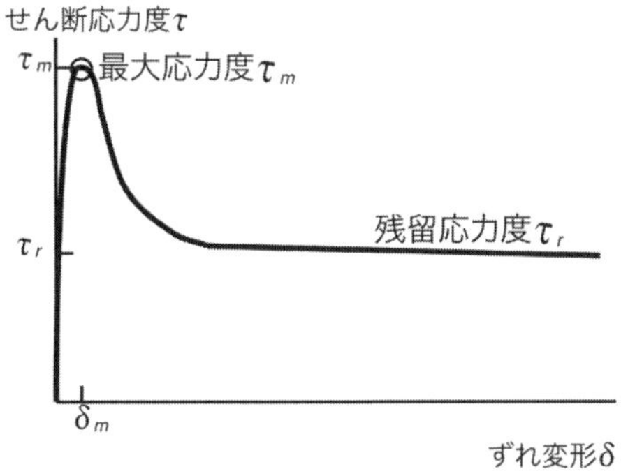

解図 4.2.2　摩擦・付着によるせん断応力度－ずれ変位度関係[4.2.2)]

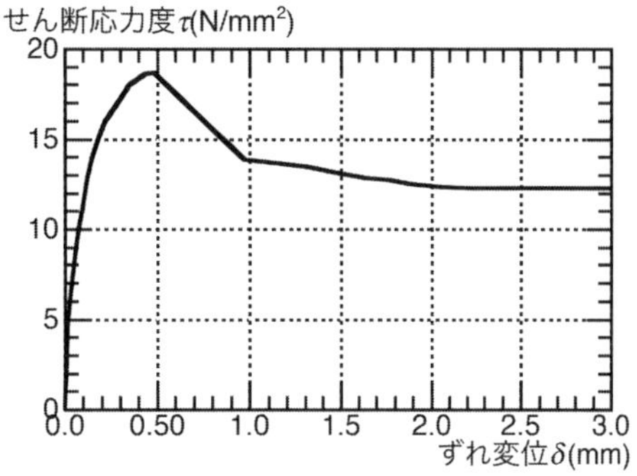

解図 4.2.3　摩擦・付着によるせん応力度－ずれ変位関係の実験例[4.2.2)]

る．また，これらの実験資料と既往の実験資料に基づき，鋼板面に直角に作用する拘束応力度を因子とする最大せん断応力度評価式を提案するとともに，残留せん断応力度の評価に関しても定式化を図っている．以下に，文献 4.2.2）の内容を概括する．

試験体形状は，解図 4.2.4 に示すように，載荷する鋼板を溝形鋼で拘束したコンクリートで挟み込む型式で，拘束力が作用する面のみコンクリートと接する形式である．拘束力は、溝形鋼の外面から作用させている．なお，拘束応力度は，拘束力を鋼板とコンクリートの接触面で除した値である．載荷形式は単調載荷を基本とし，想定最大せん断応力度の 1/2 まで載荷し，最大応力度を経験した後，正側の所定のすべり変位（1，2，3，5，6.5，8 mm）による繰返し載荷も行っている．

最大せん断応力度および残留せん断応力度と拘束応力度の関係について，解図 4.2.5 に示す．鋼板表面が黒皮のコンクリート設計基準強度 F_c 33，48 および 60 の場合の最大せん断応力度と拘束応力度関係〔解図 4.2.5(a)参照〕によると，コンクリート強度の差異による影響は顕著に見られない．また，これらの単調載荷の場合に比較し，繰返し載荷の場合，拘束応力度の増加に伴い最大せん断応力度が増加する傾向は同様であり，繰返し載荷による応力度低下の影響は小さく，F_c 33,

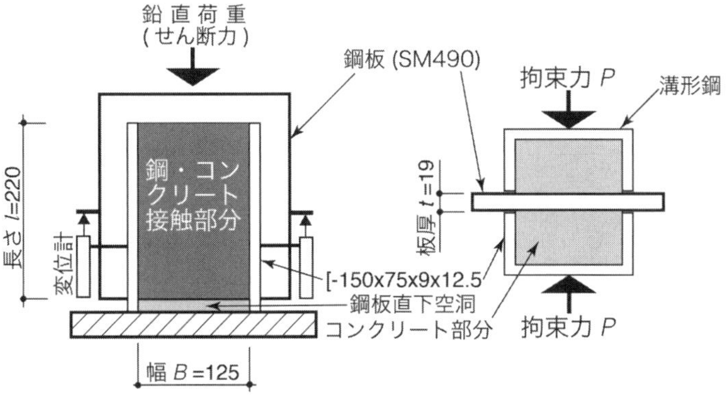

(a) 立断面　　(b) 平面

解図 4.2.4　文献 4.2.2）の試験体

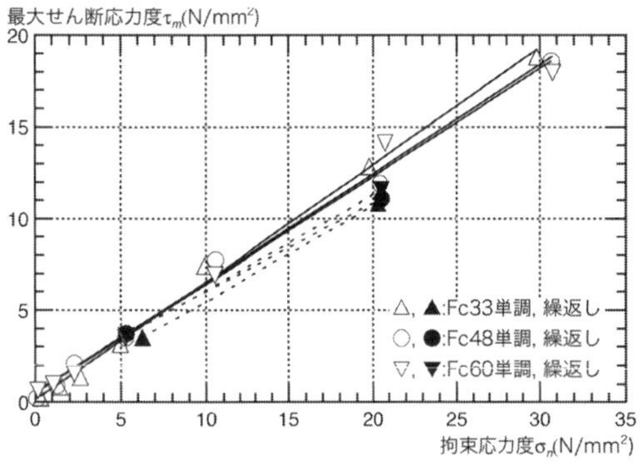

(a) 最大せん断応力度

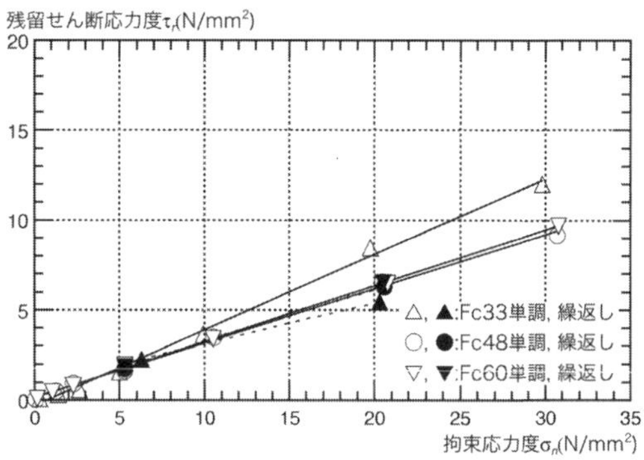

(b) 残留せん断応力度

解図 4.2.5 摩擦・付着のせん断応力度 拘束応力度関係[4.2.2)]

48 の場合の減少量は 1 割以下となっている．

他方，残留せん断応力度〔解図 4.2.5(b)参照〕は，最大せん断応力度以後，耐力が低下し，応力度が安定したすべり変位時点の値を用いており，最大せん断応力度に比較して，同一拘束応力度で半分程度の値となっている．最大せん断応力度と同様に，残留せん断応力度に関しても拘束応力度と線形関係にあることが把握され，F_c 33 が幾分高い値を示すものの，F_c 48 および 60 の最大せん断応力度と拘束応力度関係はほぼ同一であり，コンクリート強度の差異による影響は顕著に見られない．また，これらの単調載荷の場合に比較し，繰返し載荷の場合，F_c 33 に関しては応力度が低下するものの，F_c 48 および 60 に関しては，拘束応力度の増加に伴い最大せん断応力度が増加する傾向は同様であり，繰返し載荷による応力度低下の影響は小さいと言える．よって，後述の残留せん断応力度評価式は，応力度が小さくなる F_c 48 および 60 に基づき作成する．

これらの実験結果をふまえ，鋼板とコンクリートの接触面における拘束応力下の摩擦・付着による最大せん断応力度（τ_m）および残留せん断応力度（τ_r）の評価法に関して，文献 4.2.2) では，解表 4.2.1 の実験資料に基づき，黒皮および赤錆の鋼板の表面処理に対応した評価式を提示している．最大せん断応力度（τ_m）および残留せん断応力度（τ_r）が拘束応力度（σ_n）と線形関係にあったことから，摩擦・付着による最大せん断応力度（${}_b\tau_m$）の評価式は（解 4.2.1)式として表し，拘束応

解表 4.2.1 摩擦・付着応力度に関する実験資料[4.2.2)]

鋼板表面の状態		黒皮	赤錆
試験体数		36	3
文献番号		参考文献 4.2.2)，4.2.3)	参考文献 4.2.3)
鋼板	長さ l（mm）	100，220	100
	幅 B（mm）	50，125	50
	板厚 t（mm）	9，19	9
	片面接触面積（mm^2）	5000，25000	5000
コンクリート圧縮強度（N/mm^2）		23.4～64.1	23.9
拘束応力度（N/mm^2）		0～30.78	0～6.78

力度によって変化する項を摩擦に関する項（$\mu\cdot\sigma_n$）と，拘束応力度によって変化しない定数項を付着に関する項（τ_{b0}）と呼ぶことにする．（解 4.2.1）式の最大せん断応力度式に関して，文献 4.2.2）では，解表 4.2.1 の実験結果に基づき，（解 4.2.1）式の回帰式を求めると，（解 4.2.2）式が得られる．

$${}_b\tau_m=\mu\cdot\sigma_n+\tau_{b0} \qquad \text{（解 4.2.1）}$$

${}_b\tau_m$：摩擦・付着による最大せん断応力度（N/mm^2）

$${}_b\tau_m=0.60\sigma_n+0.55 \qquad \text{（解 4.2.2）}$$

また，摩擦・付着による残留せん断応力度（${}_b\tau_r$）は，最大せん断応力度式と同様に，解表 4.2.1 の実験結果に基づいて回帰式を求めると，（解 4.2.3）式が得られる．

$${}_b\tau_r=0.30\sigma_n+0.15 \qquad \text{（解 4.2.3）}$$

（解 4.2.2）式による摩擦・付着の最大せん断応力度（${}_b\tau_m$）の計算値と実験値の比較を解図 4.2.6 (a) に示す．計算値に対する実験値の比は，実験値 / 計算値＝0.31～5.50（平均値 1.29，変動係数 0.764）であり，拘束応力度（σ_n）が 1.0 以下の場合，実験値 / 計算値にかなり小さいものが見られる．これは，拘束応力度が小さい場合，鋼板とコンクリートの微小な凹凸の食込み度合いが小さいこと等が要因と考えられる[4.2.3)]が，拘束応力度が 2.0 N/mm^2 以上の場合，実験値と計算値を比較すると，実験値 / 計算値＝0.64～1.22（平均値 1.01，変動係数 0.123）となり，実験値と計算値は比較的良好に対応している．

他方，（解 4.2.3）式に基づき，残留せん断応力度（${}_b\tau_r$）の実験値と計算値の比較を解図 4.2.6 (b) に示す．計算値に対する実験値の比は，実験値 / 計算値＝0.17～1.39（平均値 0.95，変動係数 0.311）であり，最大せん断応力度と同様に，拘束応力度が小さい場合にばらつきは見られるが，拘束応力度が 2.0 N/mm^2 以上で比較すると，実験値 / 計算値＝0.60～1.39（平均値 1.07，変動係数 0.145）となり，拘束応力度が 2.0 N/mm^2 以上の範囲では実験値と計算値の対応が良くなっている．なお，拘束応力度が 2.0 N/mm^2 未満の（解 4.2.3）式の計算値と実験値の比較に関して，実験値 / 計算値にかなり小さいものが見られるが，後述するように，本指針では孔に貫通鉄筋を配置することを原

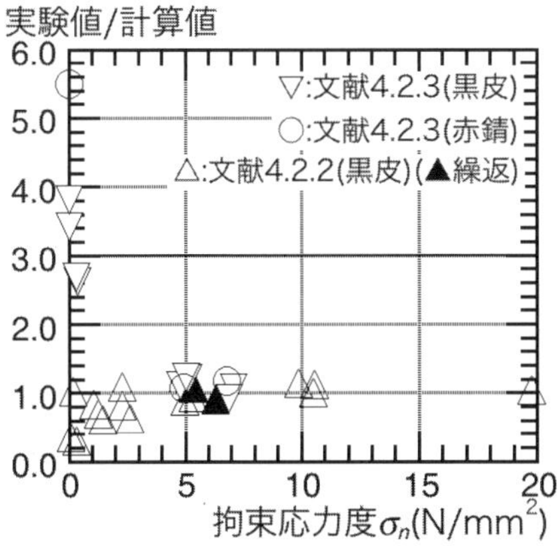

（a）最大せん断応力度

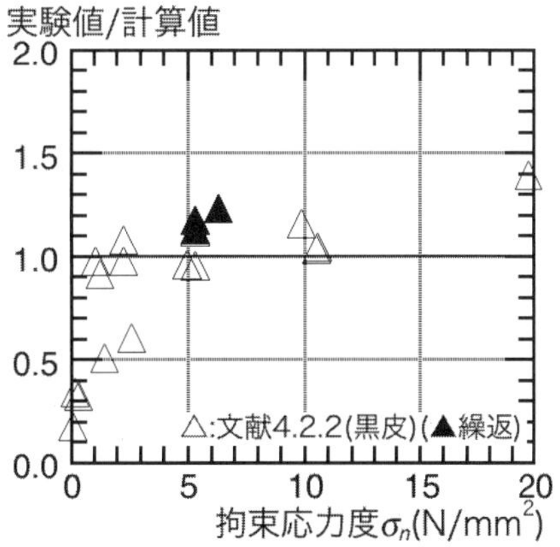

（b）残留せん断応力度

解図 4.2.6　各応力度の実験値と計算値の比較

則としており，その場合，拘束応力度が 2.0 N/mm^2 を下回るケースは現実的に生じないことから，鋼板とコンクリート間の摩擦係数（μ）を 0.3，付着強度（τ_{b0}）を 0.15 N/mm^2 とした(解 4.2.3)式による摩擦・付着による残留せん断応力度を用いて，孔あき鋼板ジベルの終局せん断耐力を構築することとした．

c） 孔あき鋼板ジベルの既往実験資料

孔あき鋼板ジベルの拘束応力度による孔部分のコンクリートの終局せん断耐力評価法に関する検討に用いる試験体は，解図 4.2.1 に示す 3 種類である．なお，これら試験体の諸元は，解表 4.2.2 に示すとおりである．

コンクリートかぶり形式試験体に関して，建築構造では，土木構造と比較してコンクリートかぶり部が小さくなることが想定されるが，検討した試験体（99 体）において，その範囲は，鋼板のせいに対するコンクリートかぶり部のせいとの比（${}_{rc}h/{}_{ps}h$，図 4.2.2 参照）（以下，かぶり部・鋼板せい比という）＝0.20～2.67（平均 1.24）で，（${}_{rc}h/{}_{ps}h$）＝0.20～1.0 および 1.01～1.20 の範囲の試験体がおのおの 16 体および 58 体となっており，（${}_{rc}h/{}_{ps}h$）＝0.20～1.20 の試験体数が全検討試験体の 75 %を占め，建築構造の狭小な接合部ディテールまでを対象とした範囲とした試験体に基づいた検討となっている．

（2） 拘束力を考慮したコンクリート終局せん断耐力式

a） 拘束力を考慮した耐力評価

拘束応力度による耐力上昇率（${}_{ps}\alpha$）の(4.2.5)式の検討は，拘束力を外部から作用させ，拘束応力度が明確な無かぶり拘束応力形式試験体〔解図 4.2.1(a)参照〕を用いて行う．実験結果のコンクリート終局せん断耐力（${}_{ps}q_{cu}$）は，実験の最大耐力（${}_{e}q_{u}$）から摩擦・付着に関する最大せん断耐力（(解 4.2.2)式を適用）を差し引いた値とし，コンクリートのせん断ひび割れ耐力計算値（${}_{ps}q_{c}$）で除した値を耐力上昇率（${}_{ps}\alpha$）として求めている．なお，せん断ひび割れ応力度（${}_{c}\tau_{c}$）に関しては，文献 4.2.4）における柱梁接合部のせん断ひび割れ強度に関する主応力度式による．

これらより求められた拘束応力度による耐力上昇率の実験値（${}_{ps}\alpha$）と拘束応力度（σ_n）の関係は解図 4.2.7 となり，拘束応力度が大きくなるほど拘束応力度の増加に伴う耐力上昇率の増加は，小さくなる様相を呈している．これらの実験資料から，耐力上昇率（${}_{ps}\alpha$）と拘束応力度（σ_n）の関係（解図 4.2.7 の実線）は無理関数の形で評価でき，(4.2.5)式（相関係数は 0.82）となる．また，解図 4.2.7 では，コンクリート圧縮強度（${}_{c}\sigma_{B}$）が 60 N/mm^2 以下の普通強度と 60 N/mm^2 を超える高強度に分けて実験値とおのおのの回帰式を提示しているが，これらのコンクリート強度の分類による耐力上昇率（${}_{ps}\alpha$）と拘束応力度（σ_n）の関係は，いずれも無理関数の形で評価できる．しかしながら，60 N/mm^2 以下の普通強度において，拘束応力度が 5.0 N/mm^2 を超えるものは，60 N/mm^2 を超える高強度の資料に比較して資料数が少なく，耐力上昇率の傾向を捉えていると言いがたい．現段階において，耐力上昇率（${}_{ps}\alpha$）は，コンクリート強度の影響を考慮できる実験資料の蓄積がないこと，および後述の実際に適用されるコンクリートかぶり部を有するディテールの試験体において，コンクリートかぶり部による耐力補正倍率およびかぶり部の厚さの上限規定を適用して実験の最大耐力を安全側に評価していることから，全実験資料に基づく(4.2.5)式によって評価

解表 4.2.2　検討に用いた実験試料[4.2.1)]

試験体形式			無かぶり拘束応力形式	無かぶり貫通鉄筋形式	かぶり形式
試験体数			48	11	99
ジベル鋼板	孔径${}_{ps}d$(mm)		50～200(87)	100～200(145)	30～90(57)
	せい${}_{ps}h$(mm)		100～500(243)	500	100～200(134)
	孔径・鋼板せい比(${}_{ps}d/{}_{ps}h$)		0.20～0.60(0.37)	0.20～0.40(0.29)	0.20～0.60(0.43)
	板厚${}_{ps}t$(mm)		6～22(12)	12	12～25(13)
	板厚・孔径比(${}_{ps}t/{}_{ps}d$)		0.06～0.24(0.18)	0.06～0.12(0.09)	0.13～0.63(0.25)
	長さ${}_{ps}l$(mm)		75～500(279)	500	290～490(409)
	1孔あたり${}_{ps}l/{}_{ps}d$		1.25～5.00(3.53)	2.50～5.00(3.86)	4.67～14.0(7.73)
	降伏点(N/mm^2)		313～354(315)	313	272～364(344)
	引張強さ(N/mm^2)		441～450(449)	450	424～450(443)
貫通鉄筋	呼び名(径)		—	D10～D35(D22)	D10～D16(D10)
	降伏点(N/mm^2)		—	336～426(396)	356～410(375)
	引張強さ(N/mm^2)		—	543	505～548(534)
	貫通鉄筋比(鉄筋断面積/孔の面積)		—	0.0023～0.1218 (0.0458)	0.0112～0.1004 (0.0550)
	定着長 / 鉄筋径		—	端部はアンカー	12.1～24.4(16.1)
RC 部分	断面幅 B(mm)		106～300(235)	300～500(464)	300～600(449)
	断面幅・孔径比 $B/{}_{ps}d$		1.5～5.0(3.5)	1.5～5.0(3.7)	5.7～16.7(8.5)
	断面せい D(mm)		100～500(234)	500	210～950(459)
	$D/{}_{ps}d$		1.67～5.00(2.70)	2.50～5.00(3.86)	3.50～16.7(8.67)
	かぶり部のせい${}_{rc}h$(mm)		—	—	30～400(162)
	かぶり部のせい・孔径比${}_{rc}h/{}_{ps}d$		—	—	0.50～6.67(2.85)
	コンクリート圧縮強度${}_{c}\sigma_{b}$(N/mm^2)		28.7～165(69.5)	24.9～35.6(32.0)	29.0～53.8(33.5)
	横鉄筋	呼び名(径)	—	—	D10～D19(D10)
		降伏点(N/mm^2)	—	—	356～409(379)
		引張強度(N/mm^2)	—	—	505～548(525)
		横鉄筋比(鉄筋断面積/コンクリートかぶり部断面積)	—	—	0.0028～0.0115 (0.0046)
拘束応力(計　算)	外力 σ_p(N/mm^2)		0.00～10.00(2.85)	—	—
	貫通鉄筋${}_{pr}\sigma_r$(N/mm^2)		—	0.16～1.70(0.95)	0.00～2.75(0.53)
	RC 部分${}_{rc}\sigma_r$(N/mm^2)		—	—	0.15～10.4(4.22)
	${}_{pr}\sigma_r/{}_{rc}\sigma_r$		—	—	0.00～18.4(0.53)

［注］(　) 内の値は平均値を示す.

する.

なお，(4.2.5)式によって算定される耐力上昇率（${}_{ps}\alpha$）は，拘束応力度（σ_n）が 0.0464 N/mm^2 未満となる場合に 1.0 を下回る．しかしながら，解図 4.2.7 において，σ_n<0.0464 N/mm^2 の実験データは存在せず，後述の 4.4 節を満足すれば，耐力上昇率（${}_{ps}\alpha$）が 1.0 以下となることは考えにくい

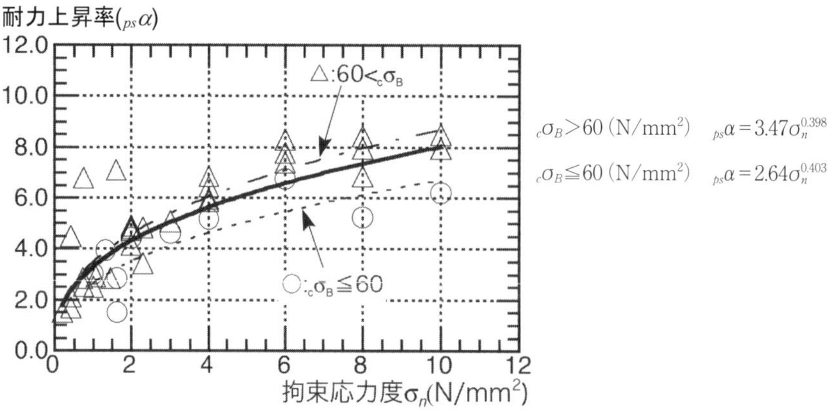

解図 4.2.7 拘束応力度による耐力上昇率[4.2.1)]

ことから，$_{ps}\alpha$ の下限値を 1.0 とした．

b) 貫通鉄筋による拘束

貫通鉄筋の作用としては，鉄筋の引張力がせん断ひび割れ面の拘束力として働くと考えられる．なお，せん断ひび割れ発生後，ひび割れ面がずれ，周囲のコンクリートを押し広げようとする力を貫通鉄筋によって拘束する場合，貫通鉄筋による拘束の範囲はある程度限定されると考えられるので，図 4.2.1 に示す貫通鉄筋を中心とした貫通鉄筋による拘束力は，簡便な取扱いとするため，鋼板端部までの円内に限定して作用し，拘束の有効面積（A_p）に均等に作用すると仮定する．解図 4.2.8 は，文献 4.2.5）における貫通鉄筋を有する無かぶり試験体のせん断力－ずれ変位関係で，貫通鉄筋（SD295）の径を D22 および D35 と変化させた実験結果である．せん断力 200 kN における貫通鉄筋の軸ひずみは，鉄筋径 D22 および D35 に対しておのおの 970×10^{-6}，360×10^{-6}（平均値 1210×10^{-6}）となっており，最大耐力まで貫通鉄筋のひずみがせん断力と線形関係にあると仮定すると，最大耐力時の貫通鉄筋の軸ひずみは，D22 および D35 に対しておのおの 1450×10^{-6}，

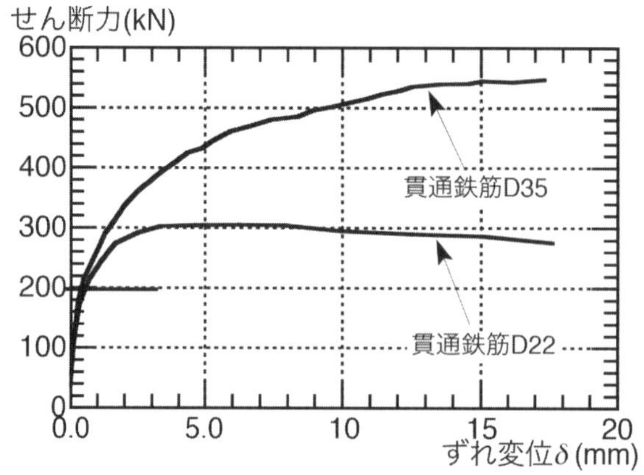

解図 4.2.8 貫通鉄筋の径の違いによるせん断力－ずれ変位関係[4.2.5)]

970×10^{-6}（平均値 1210×10^{-6}）となる．これら貫通鉄筋の軸ひずみ平均値は，SD295の長期許容応力度相当のひずみ（$=950 \times 10^{-6}$）に近いことから，長期許容応力度相当を用いて貫通鉄筋による拘束応力度を算定する．貫通鉄筋を有する無かぶり試験体〔解図 4.2.1(b)参照〕において，拘束応力度および孔部のコンクリートに対する貫通鉄筋の面積比の因子を変化させた最大せん断耐力の実験値と計算値の比較を解図 4.2.9に示す．検討に用いた試験体の貫通鉄筋の降伏点は336～426 N/mm^2，コンクリート圧縮強度は24.9～35.6 N/mm^{2}である．終局せん断耐力の計算値に対する実験値の比は，実験値 / 計算値 =1.05～1.44（平均値1.28，変動係数0.095）であり，実験値と比較して計算値は若干低い値を示しているが，各因子に対する実験値と計算値の比の顕著な変化は見られず，貫通鉄筋の応力度を長期許容応力度相当とし，拘束の有効面積（A_p）を用いた計算値は，実験値とほぼ対応している．

しかしながら，上述は限られた範囲の検討であり，簡便的な取扱いの観点から，全ての材質の貫通鉄筋に対して，貫通鉄筋の拘束応力度は，SD295の材料強度の2/3倍を用いることとする．

c）　コンクリートかぶり部による拘束

コンクリートかぶり部による拘束応力度の評価法に関しては，解図 4.2.10に示すように，孔部のコンクリートのせん断ひび割れ発生後，ひび割れ面がずれ，周囲のコンクリートを押し広げようとする力を考慮したコンクリートの曲げひび割れ耐力による拘束力によって求めている．

コンクリートかぶり部には，孔部に生じたひび割れ面がずれ，周囲のコンクリートを押し広げようとする力によって，図中に示すひずみ度分布に応じた曲げモーメント（${}_{rc}M_r$）と軸方向力（${}_{rc}N_r$）が作用する[4.2.6)]が，鋼板天端の全ひずみが引張限界ひずみ度（${}_{c}\varepsilon_t$）に達するまでは，孔部のひび割れがコンクリートかぶり部による拘束力（${}_{rc}P_r$）によって拘束されると仮定すれば，引張限界ひずみ度（${}_{c}\varepsilon_t$）時のコンクリートの曲げひび割れ強度（${}_{c}\sigma_b$）N/mm^{2}は，(解 4.2.4)式となる．

$$ {}_{c}\sigma_b = {}_{c}E \cdot {}_{c}\varepsilon_t = \frac{{}_{rc}M_r}{I_n}({}_{rc}h_e - y_G) + \frac{{}_{rc}N_r}{A_n} \qquad (解\ 4.2.4)$$

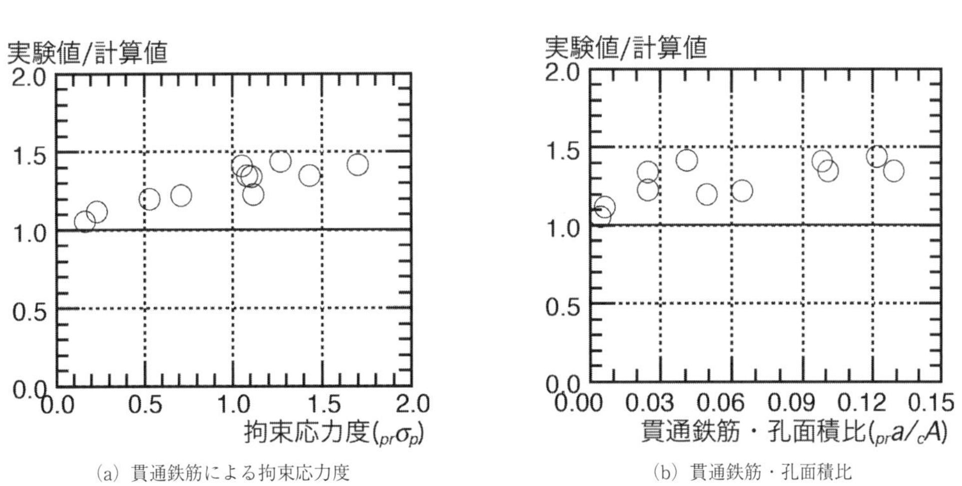

(a) 貫通鉄筋による拘束応力度　　(b) 貫通鉄筋・孔面積比

解図 4.2.9　貫通鉄筋を有する無かぶり試験体の最大せん断耐力の実験値と計算値の比較

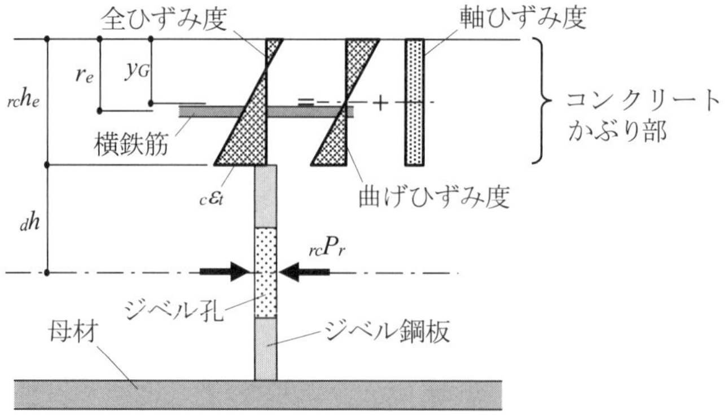

解図 4.2.10　コンクリートかぶり部による拘束

$_cE$：コンクリートのヤング係数(N/mm^2)で，表 2.2.1 による．

I_n：ジベル孔 1 個あたりの有効なコンクリートかぶり部の中立軸に関する等価断面二次モーメント（mm^4）

A_n：ジベル孔 1 個あたりの有効なコンクリートかぶり部の等価断面積（mm^2）

y_G：有効なコンクリートかぶり部の等価断面の図心から表面までの距離（mm）

$_{rc}M_r=(_{rc}h_e-y_G+{_d}h)\,{_{rc}P_r}$, $_{rc}N_r={_{rc}P_r}$ であるから，（解 4.2.4）式より，$_{rc}P_r$(N）は（解 4.2.5）式によって求められる．

$$_{rc}P_r=\frac{_c\sigma_b}{\dfrac{(_{rc}h_e-y_G)\cdot(_{rc}h_e-y_G+{_d}h)}{I_n}+\dfrac{1}{A_n}} \qquad \text{（解 4.2.5）}$$

$$_c\sigma_b=0.56\sqrt{F_c}\quad(\mathrm{N/mm^2})$$

$$y_G=\frac{_eB\cdot\dfrac{_{rc}h_e{}^2}{2}+(n-1)\,{_r}a_1\cdot r_e}{A_n}$$

$$n=\frac{_sE}{_cE}$$

$$I_n=\frac{_eB\cdot{_{rc}h_e}^3}{12}+{_e}B\cdot{_{rc}h_e}\left(y_G-\frac{_{rc}h_e}{2}\right)^2+(n-1)\,{_r}a_1(r_e-y_G)^2$$

$$A_n={_e}B\cdot{_{rc}h_e}+(n-1)\,{_r}a_1$$

$_eB$：ジベル孔 1 個あたりのコンクリートかぶり部の有効幅(mm)

$_{rc}h_e$：コンクリートかぶり部の有効せい（mm）

$_dh$：ジベル孔の中心からジベル鋼板の上端までの距離（mm）〔図 4.2.1 参照〕

n：ヤング係数比

$_sE$：横鉄筋のヤング係数（N/mm^2）で，表 2.2.1 による

$_ra_1$：ジベル孔 1 個あたりの有効幅$_eB$ 内に配置される横鉄筋の断面積（mm^2）であり，$_ra_1={_r}a/{_p}n$

$_ra$：コンクリートかぶり部の有効幅および有効せい内に配置される横鉄筋の断面積

(mm^2)〔図 4.2.2 参照〕

$_{p}n$：ジベル鋼板 1 枚あたりのジベル孔数

r_e：有効なコンクリートかぶり部の表面から横鉄筋の重心までの距離（mm）〔図 4.2.1～4.2.3 参照〕

したがって，コンクリートかぶり部による拘束応力度（$_{rc}\sigma_r$）N/mm^2 は，(解 4.2.6)式によって求められる．

$$_{rc}\sigma_r = \frac{_{rc}P_r}{A_p} \qquad \text{(解 4.2.6)}$$

A_p：拘束力が作用する部分の面積

なお，(解 4.2.5)式中の y_G および I_n の算定に用いる有効幅（$_{e}B$）は，図 4.2.2 に示すように，孔の端から 45 度の広がりを考え，(4.2.11)式によって求めるものとする．他方，コンクリートかぶり部の計算上の有効せい（$_{rc}h_e$）の規定は，図 4.2.3 のように，鋼板厚さ方向の両側のコンクリートかぶり部のせいが小さい場合，45 度の広がりを考慮したコンクリートかぶり部のせいの上限値（$_{rc}h_{45}$）を設定し，(4.2.12)式を満たすものとした．加えて，解図 4.2.11 は，孔の直径（$_{ps}d$）が 50 mm に対する鋼板の側面からコンクリート側面までの距離（側面かぶり厚さ）（$_{ps}c$）の比（$_{ps}c/_{ps}d$）を 0.88，1.88，2.88 とした貫通鉄筋なしの押抜き試験[4.4.7)] から得られたせん断力－ずれ変位関係を比較したものである．縦軸は，それぞれの作用せん断力を最大せん断耐力実験値で除して無次元化した値である．$_{ps}c/_{ps}d$ が小さい場合は，コンクリート側面部の割裂破壊によって早期に耐力が低下し，最大耐力以後の耐力低下も大きいことが確認されることから，上限値（$_{rc}h_{45}$）を決定する鋼板の板厚の中心からコンクリートの縁端までの最小距離（b）mm は，$b>2\,_{ps}d$ を満足するものとした〔図 4.2.3 参照〕．なお，コンクリートかぶり部のせいの上限値（5 $_{ps}d$）は，既往の実験資料と本終局耐力計算値との対応において，本終局耐力評価式によって安全に評価できていることから設定したものである〔解図 4.2.16，4.2.17 参照〕．

(解 4.2.7)式による耐力補正倍率（$_{ps}\beta$）に関して，コンクリートかぶり形式試験体のせん断ひび割れ耐力計算値（$_{ps}q_c$）に上述のコンクリートかぶり部および貫通鉄筋による耐力上昇率（$_{ps}\alpha$）を

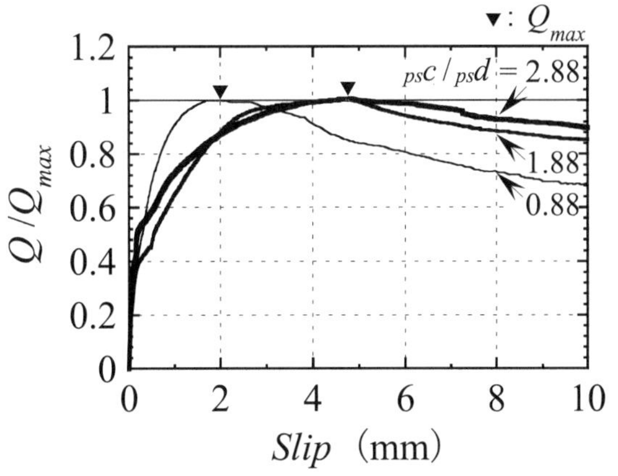

解図 4.2.11　孔あき鋼板ジベルのせん断力—ずれ変位関係[4.2.7)]

乗じた値に対する実験値の比は，解図 4.2.12 に示すように，平均値はほぼ 1.3 となっていることから，(4.2.6)式とする．

$$_{ps}\beta = \frac{_{ps}q_{cu}}{_{ps}\alpha \cdot {_{ps}q_c}} \qquad \text{（解 4.2.7）}$$

（３） 計算結果と実験結果の比較

実際の構造物のディテールに対応するかぶり形式試験体の終局せん断耐力について，解図 4.2.13 は，本終局耐力評価式において，摩擦・付着による耐力として(解 4.2.2)式の最大せん断応力度〔解図 4.2.2 参照〕を用いた計算結果で，かぶり部・鋼板せい比（$_{rc}h/_{ps}h$）および孔の直径（$_{ps}d$）に対するコンクリートかぶり部のせい（$_{rc}h$）の比（$_{rc}h/_{ps}d$）を変化させて，計算値と実験値を比較したものである．また，解図 4.2.14 および解図 4.2.15 は，おのおの(解 4.2.8)式の Leonhardt 終局耐力式[4.2.8), 4.2.9)] および(解 4.2.9)式の土木示方書終局耐力式[4.2.10)] による計算値と実験値を比較したものである．なお，終局耐力計算値は，(4.2.12)式のコンクリートかぶり部のせいに関する上限規定

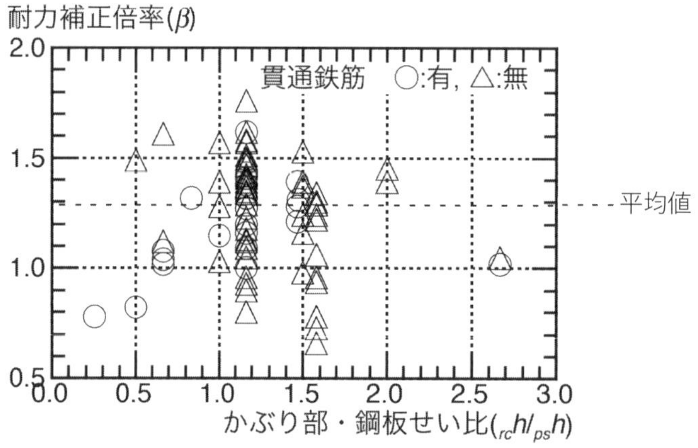

解図 4.2.12 耐力補正倍率（$_{ps}\beta$）とかぶり部・鋼板せい比の関係

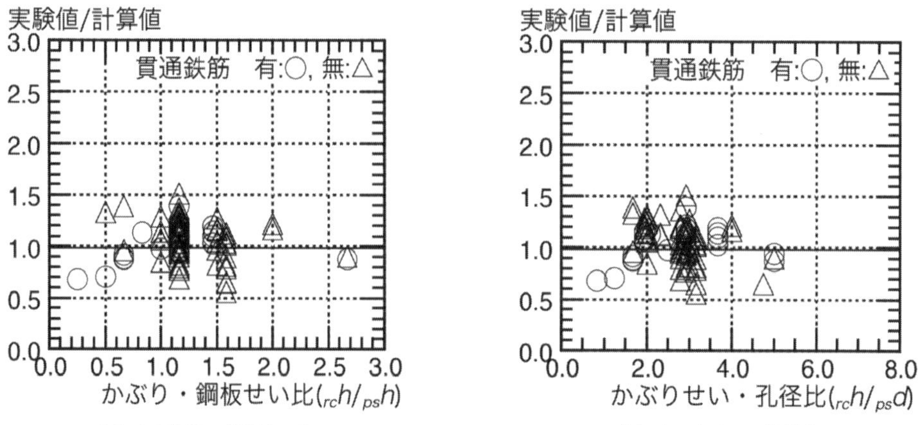

(a) かぶり部・鋼板せい比 (b) かぶりせい・孔径比

解図 4.2.13 最大耐力実験値と本終局耐力評価式（最大摩擦・付着）計算値の比較

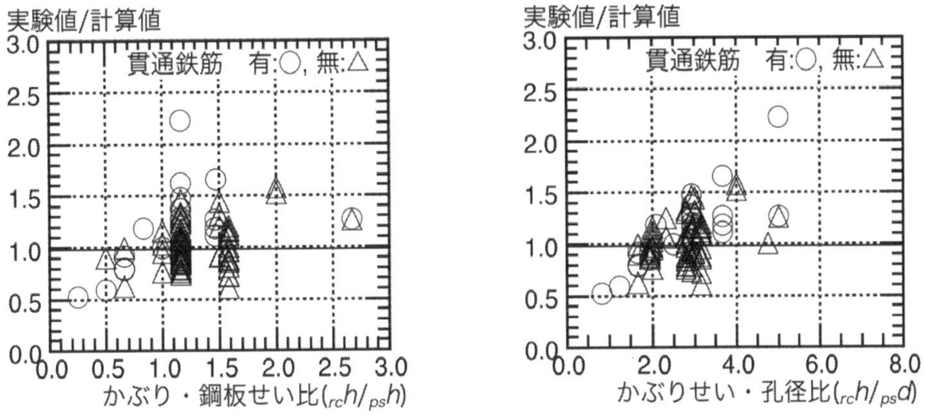

(a) かぶり部・鋼板せい比　　(b) かぶりせい・孔径比

解図 4.2.14　最大耐力実験値と Leonhardt 終局耐力式計算値の比較

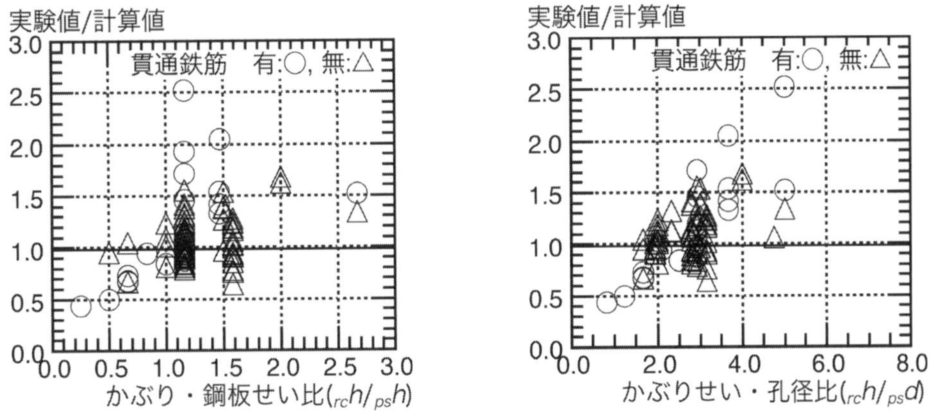

(a) かぶり部・鋼板せい比　　(b) かぶりせい・孔径比

解図 4.2.15　最大耐力実験値と土木示方書終局耐力式計算値の比較

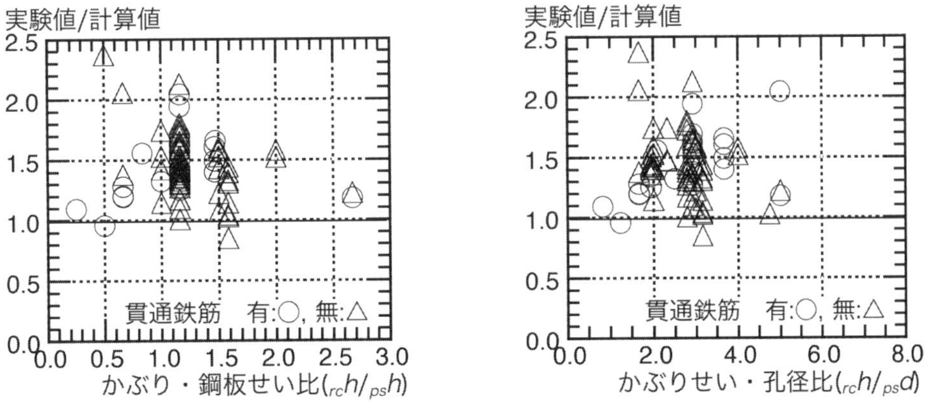

(a) かぶり部・鋼板せい比　　(b) かぶりせい・孔径比

解図 4.2.16　最大耐力実験値と本終局耐力評価式（残留摩擦・付着）計算値の比較

を適用せず，各試験体のコンクリートかぶり部のせいに基づいて算定している．終局耐力計算値に対する最大耐力実験値の比は，本終局耐力評価式が実験値 / 計算値＝0.49〜1.51（平均値 1.04，変動係数 0.197），Leonhardt 終局耐力式が 0.38〜2.23（平均値 1.04，変動係数 0.262），および土木示方書終局耐力式が 0.32〜2.52（平均値 1.09，変動係数 0.301）となり，本終局耐力評価式が実験結果とよく対応していることが把握される．

$$Q_{Lu}=1.08\times 2\frac{\pi\cdot {}_{ps}d^2}{4}\cdot {}_c\sigma_B=1.7\,{}_{ps}d^2\cdot {}_c\sigma_B \qquad \text{（解 4.2.8）}$$

$$Q_{Ju}=1.6\,{}_{ps}d^2\cdot {}_c\sigma_B \quad \text{（貫通鉄筋なし）} \qquad \text{（解 4.2.9a）}$$

$$Q_{Ju}=1.85\left\{\frac{\pi({}_{ps}d^2-{}_{pr}d^2)}{4}\cdot {}_c\sigma_B+\frac{\pi\cdot {}_{pr}d^2}{4}\cdot {}_{pr}\sigma_y\right\}-26.1\times 10^3 \quad \text{（貫通鉄筋あり）} \qquad \text{（解 4.2.9b）}$$

${}_{pr}d$：貫通鉄筋の径

${}_c\sigma_B$：コンクリートの圧縮強度

${}_{pr}\sigma_y$：貫通鉄筋の降伏点

一方，摩擦・付着の耐力が最大耐力後に低下し，耐力が安定する残留せん断応力度の状態の算定式を用いた本終局耐力評価式による計算値と実験値との対応を比較検討すると解図 4.2.16 となり，実験値 / 計算値＝0.85〜2.37（平均値 1.42，変動係数 0.202）となっている．摩擦・付着の最大せん断応力度を用いた計算値〔解図 4.2.13 参照〕に比較して，残留せん断応力度を用いた場合〔解図 4.2.16 参照〕において，平均値は 4 割程度終局耐力を低く評価し，実験値が計算値を下回る試験体は 99 体中 2 体であり，かつその 2 体の実験値 / 計算値の比率も 0.85，0.95 であることから，本指針による計算値は，実験値のおおむね下限値となっている．

また，本指針では，実際の接合部への適応において，コンクリートかぶり部が大きい場合，過剰な耐力評価となることを懸念して，コンクリートかぶり部のせいに関する上限値を設けている．解図 4.2.17 は，本指針の計算式であるコンクリートかぶり部のせいに関する上限規定〔(4.2.12)式参

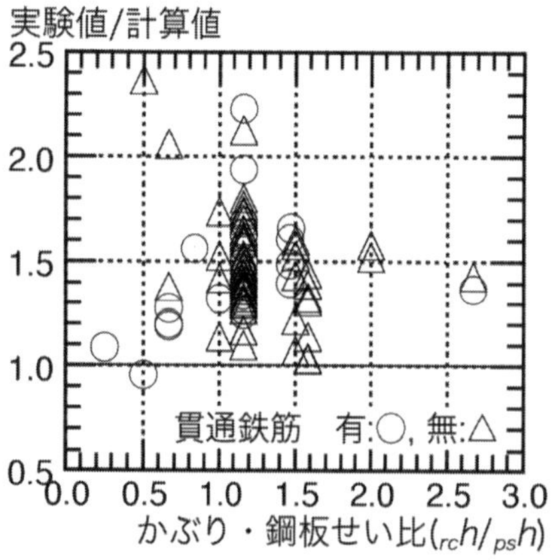

（a）かぶり部・鋼板せい比

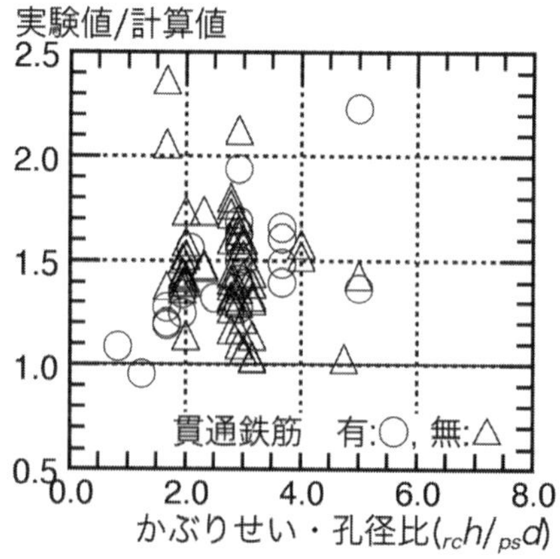

（b）かぶりせい・孔径比

解図 4.2.17　終局耐力実験値とコンクリートかぶり部の厚さの上限規定を考慮した本評価式（残留摩擦・付着）計算値の比較

照〕を考慮した終局耐力計算値と最大耐力実験値の比較である．これによると，実験値 / 計算値＝0.85～2.37（平均値 1.43，変動係数 0.203）となっており，コンクリートかぶり部せいに関する上限規定を設けた場合，既往の試験体のかぶり部せい・孔径比（${}_{rc}h/{}_{ps}d$）が 5.0 以下の範囲では，幾分，実験値 / 計算値の比率が大きくなっている．

2.　孔あき鋼板ジベルの終局耐力設計

（1）　孔あき鋼板ジベルを用いた鋼・コンクリート接合部の設計

孔あき鋼板ジベルは，(4.2.1)式より，鋼とコンクリートの接合部に作用する設計用せん断力を伝達できる耐力を保有するように設計する．

（2）　既往の実験資料

複数孔を有する孔あき鋼板ジベルの(4.2.2)式による終局せん断耐力の妥当性について，既往の実験結果を用いて検証する．検討対象とした試験体は，解図 4.2.18 に示すように，母材とコンクリートブロックがそれぞれ H 形鋼の両フランジ面（形式Ⅰ），平鋼の両面（形式Ⅱ）に取り付いた孔あき鋼板ジベルを介して接合された試験体である．形式Ⅲは，孔あき鋼板ジベルを取り付けた角形鋼管をコンクリートブロック中央部に埋め込んだ試験体で，鋼管直下は空洞になっている．なお，形式Ⅰの試験体は，国内外の頭付きスタッドの押抜き試験で最も多用されているもの[4.2.11), 4.2.12)]と同様である．いずれの試験体においても，鋼板の下端部には，空隙または発泡材が設置され，コンクリートとの接触による支圧力が除去されている．また，コンクリートと母材の摩擦・付着を除去するための工夫がなされており，母材とコンクリート間に隙間を設けたもの，母材表面にグリースを塗布したものやフッ素樹脂テープを貼付したものがある．これらの試験体については，母材とコン

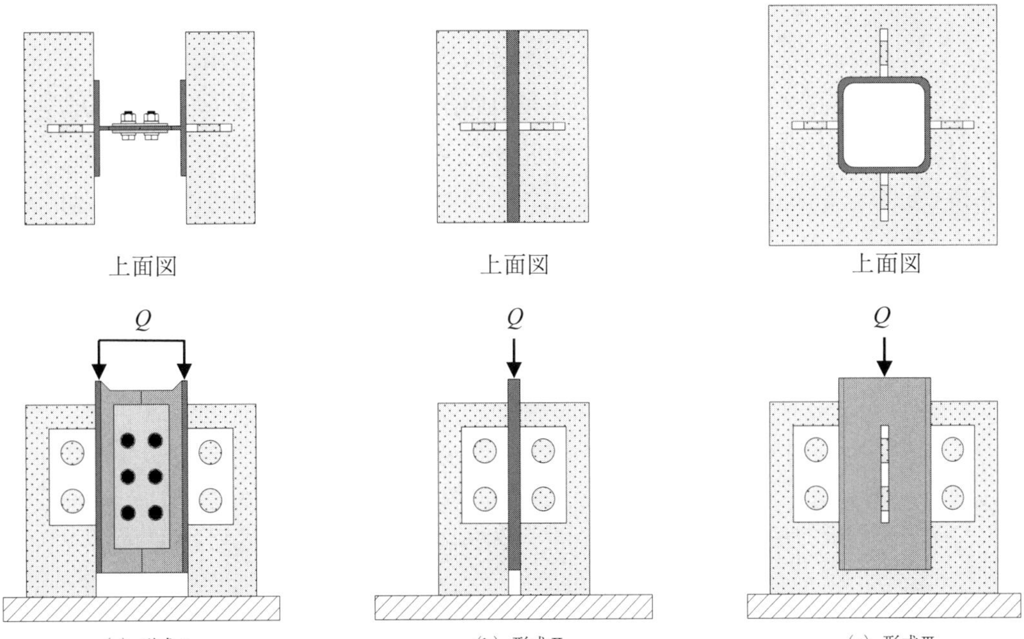

(a) 形式Ⅰ　(b) 形式Ⅱ　(c) 形式Ⅲ

解図 4.2.18　検討対象に用いた押抜き試験体の形式

クリート間の摩擦・付着はないものとみなして検証を行った．一方，コンクリートと母材の摩擦・付着が作用する試験体も数体あるが，これらは同一条件の試験体で摩擦・付着の影響が把握されていることから，全体の荷重からコンクリートと母材の摩擦・付着による荷重を差し引いた分を孔あき鋼板ジベルの実験耐力として評価している．

鋼板の配列および孔数の組合せは，解図 4.2.19 のように，単列（鋼板 1 枚）・単一孔，単列・複数孔，並列・単一孔および並列・複数孔の 4 つのケースに分類される．検討対象の試験体数は計 132 体であり，その内訳は，単列・単一孔が 36 体，単列・複数孔が 43 体，並列・単一孔が 23 体および並列・複数孔が 30 体であり，単列・単一孔の試験体以外が全体の 7 割程度を占めている．試験体の諸元は解表 4.2.3 に示すとおりである．対象とした実験資料は，最大耐力実験値と各影響因子の情報を正確に読み取れた計 21 編の文献であり，解表 4.2.2 に示す試験体は含まれていない．なお，並列配置はいずれも鋼板が 2 列平行に配置されており，3 列以上の鋼板が配置された試験体はない．鋼板 1 枚あたりの孔数は 1～5 個であり，半円の孔も含めると孔数は最大で 5.5 個となる．これらの試験体のうち，建築構造の狭小な接合部ディテールとして想定されるコンクリートかぶり部のせい（${}_{rc}h$）が 50 mm 以下の試験体数は，全体の 6 割程度を占めている．

（3）　複数孔を有する孔あき鋼板ジベルの終局せん断耐力評価法

複数孔を有する孔あき鋼板ジベルに対し，前述した単列・単一孔の耐力評価式を適用するにあたり，鋼板上部のコンクリートかぶり部ならびに貫通鉄筋による拘束応力度を算定する際のおのおのの寸法および断面積や，耐力補正倍率（${}_{ps}\beta$）および耐力低減係数（${}_{ps}\phi$）の取り方は，次のように設定する．

a）　コンクリートかぶり部のせい

鋼板が並列に配置される場合におけるコンクリートかぶり部の有効せい（${}_{rc}h_e$）は，図 4.2.2 に基づき，(4.2.12)式を適用する．相互の鋼板が隣接し，かつ図 4.2.3 に示す左右両端のおのおのの鋼板の板厚の中心からコンクリートの縁端までの最小距離（b）が小さい場合の${}_{rc}h_e$は，配列された全ての鋼板に対して，孔中心から外側に 45 度の広がりを考慮した${}_{rc}h_{45}$を適用することとする．

解図 4.2.20 は，解表 4.2.3 から${}_{rc}h_{45}/{}_{rc}h$が 1.0 を下回る押抜き試験体を抽出した全 34 体（貫通鉄筋あり試験体は 3 体）の最大せん断耐力実験値と(4.2.2)式から求めた終局せん断耐力計算値を比較したものである．同図(a)は，(4.2.12)式を無視したコンクリートかぶり部のせい（${}_{rc}h$）を用いた

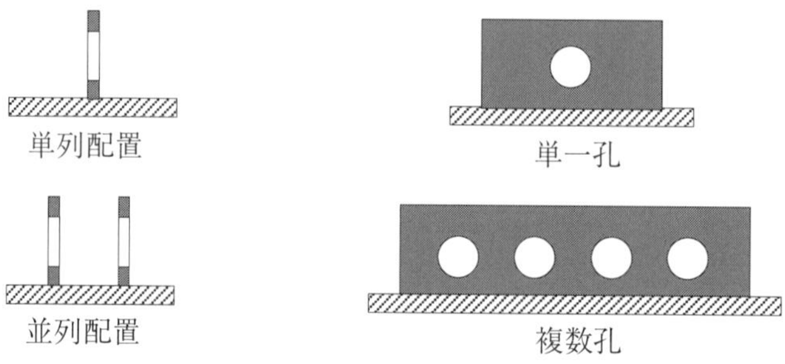

解図 4.2.19　ジベル鋼板の配列と孔数

解表 4.2.3　検討に用いた実験資料

試験体形式			Ⅰ	Ⅱ	Ⅲ
試験体数			76	50	6
参考文献番号　4.2. ＊)			4.2.8), 13), 14), 17-23), 26-32)	4.2.7), 24), 25), 33)	4.2.34)
ジベル鋼板	孔径	$_{ps}d$(mm)	ϕ30〜80	ϕ40〜60	ϕ50
	せい	$_{ps}h$(mm)	60〜150	80〜150	100
	孔径・剛板せい比	$_{ps}d/_{ps}h$	0.400〜0.714	0.400〜0.600	0.500
	鋼板厚さ	$_{ps}t$(mm)	6〜22	12	12
	板厚・孔径比	$_{ps}t/_{ps}d$	0.120〜0.457	0.200〜0.300	0.240
	長さ	$_{ps}l$(mm)	60〜655	160〜700	200
	1 孔あたり	$_{ps}l/_{ps}d$	1.30〜10.9	4.00〜7.00	4.00
	孔数	$_{h}n$	1〜5.5	1〜3	1
	孔間隔	$_{ps}p$(mm)	50〜250	100〜160	—
	孔間隔・孔径比	$_{ps}p/_{h}n$	1.2〜5.0	2.0〜4.0	—
	並列間隔	$_{ps}s$(mm)	100〜203	100〜300	100
	並列間隔・孔径比	$_{ps}s/_{h}n$	2.00〜5.80	2.00〜6.00	2.00
	降伏点	$_{s}\sigma_{y}$(N/mm^2)	245〜371	289〜409	378
	引張強さ	$_{s}\sigma_{u}$(N/mm^2)	500〜543	461〜463	547
貫通鉄筋	呼び名(径)		D10〜D22	D10〜D13	—
	降伏点	$_{pr}\sigma_{y}$(N/mm^2)	295〜400	318〜365	—
	引張強さ	$_{pr}\sigma_{u}$(N/mm^2)	440〜556	462〜523	—
RC 部分コンクリート	断面幅	B(mm)	400〜1250	300〜612	550
	断面幅・孔径比	$B/_{ps}d$	4.00〜21.4	6.00〜12.0	11.0
	断面せい	$_{c}h$(mm)	120〜300	150〜330	150
	断面せい・孔径比	$_{c}h/_{ps}d$	2.40〜10.0	2.50〜6.60	3.00
	かぶり部のせい	$_{rc}h_{r}$(mm)	50〜240	50〜230	50
	かぶり部のせい・孔径比	$_{rc}h/_{ps}d$	1.00〜8.00	0.830〜4.60	1.00
	コンクリート圧縮強度	$_{c}\sigma_{B}$(N/mm^2)	14.0〜57.8	28.4〜40.4	23.6〜57.6
RC 部分横鉄筋	呼び名(径)		ϕ12〜ϕ14 D6〜D19	D10〜D13	D13
	降伏点	$_{r}\sigma_{y}$(N/mm^2)	322〜400	341〜373	363
	引張強さ	$_{r}\sigma_{u}$(N/mm^2)	422〜556	477〜478	535

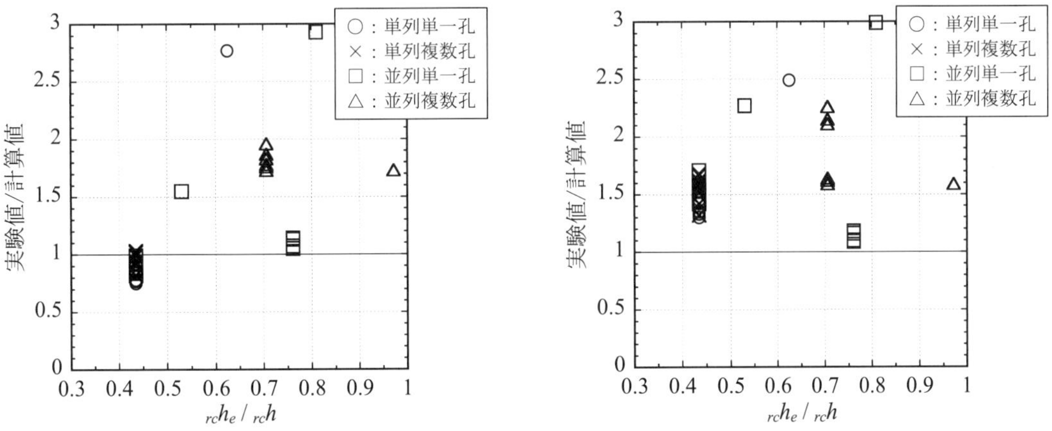

(a) かぶり部のせい $_{rc}h$ を用いた場合　　(b) かぶり部の有効せい $_{rc}h_e$ を用いた場合

解図 4.2.20　最大耐力実験値とコンクリートかぶり部のせいの評価が異なる(4.2.12)式を用いた計算値の比較

場合の結果，同図(b)は本指針で規定した${}_{rc}h_{45}$を適用した場合の結果である．${}_{rc}h_{45}$を適用した場合の実験値 / 計算値は，${}_{rc}h$を用いた場合のそれが1.0を下回るすべてのプロットに対して1.0以上となる結果を与えており，${}_{rc}h_{45}$を適用した計算値は，実験値を安全に評価できることがわかる．

b）　コンクリートかぶり部の有効幅

複数孔における孔1個あたりのコンクリートかぶり部の有効幅（${}_{e}B$）は，図4.2.2に示すように，鋼板両端に配置される孔部の外端からそれぞれ外側に45度の広がりを考慮したコンクリートかぶり部の端部間の距離（全有効幅）に基づき決定される．全有効幅の考え方は，孔の直径（${}_{ps}d$），孔の中心からジベル鋼板の上端までの距離（${}_{d}h$）およびコンクリートかぶり部の有効せい（${}_{rc}h_{e}$）と隣り合うジベル孔間の中心間距離（${}_{ps}p$）との大小関係で異なるが，おのおのの孔に対する有効幅（${}_{e}B$）は(4.2.11)式から算定できる．

c）　貫通鉄筋の断面積

孔あき鋼板ジベルの全ての孔内に貫通鉄筋が配置されない場合，本指針では，安全側の評価および設計式の簡便さを考慮して，全ての孔に対して貫通鉄筋の拘束効果はないものとして評価する．一方，おのおのの孔に対して貫通鉄筋による拘束応力度を算定する方法や，貫通鉄筋の総断面積を孔数で除して孔1個あたりの断面積に換算して評価する方法[4.2.13)]なども考えられるが，これらの方法を導入した(4.2.2)式による計算値と実験値との関係は把握されていないため，適用対象外とした．

d）　コンクリートかぶり部の横鉄筋の断面積

複数孔を有する孔あき鋼板ジベルの横鉄筋の断面積（${}_{r}a$）は，図4.2.2のように，両端の孔部の外端からそれぞれ外側に45度の広がりを考慮したコンクリートかぶり部の有効せい（${}_{rc}h_{e}$）と全有効幅（$= {}_{h}n \cdot {}_{e}B$）の範囲に配置された横鉄筋の和とする．孔1個あたりの横鉄筋の断面積にa対しては，横鉄筋の断面積を孔数（${}_{h}n$）で除した値とし，コンクリートかぶり部による拘束力（${}_{rc}P_{r}$）を評価する．

e）　耐力補正倍率と耐力低減係数

解図4.2.21は，解表4.2.3に示す実験資料による検証試験体132体のうち，4.4節で規定される構造細則を満足している45体を対象として，最大耐力実験値（${}_{ps}Q_{exp}$）と耐力低減係数${}_{ps}\phi$を1.0とした場合の(4.2.2)式による終局耐力計算値（${}_{ps}Q_{U}$）との対応関係を示したものである．図中の凡例は，孔あき鋼板ジベルの構成として，鋼板の配列と孔数の組合せ〔解図4.2.19参照〕を示している．鋼板が並列配置あるいは孔数が複数の場合の終局耐力計算に用いた耐力補正倍率（${}_{ps}\beta$）は，単列・単一孔の場合に検討された(解4.2.7)式より求められた(4.2.6)式にしたがって，${}_{ps}\beta = 1.3$としている．

貫通鉄筋が配置されている場合，解図4.2.21(a)に示すように，終局耐力計算値に対する最大耐力実験値の比，実験値 / 計算値＝0.929～2.22の範囲に分布し，実験値 / 計算値が2.0を上回る，あるいは1.0を下回る試験体はおのおの1体であることから，単列・単一孔を対象として求められた耐力補正倍率（${}_{ps}\beta$）を鋼板が並列配置，あるいは孔数が複数の場合に適用しても，孔あき鋼板ジベルの終局せん断耐力を評価できている．一方，貫通鉄筋が配置されていない場合，解図4.2.21(b)に示すように，実験値 / 計算値は1.01～4.58の範囲に分布し，実験値 / 計算値が1.0を下回る

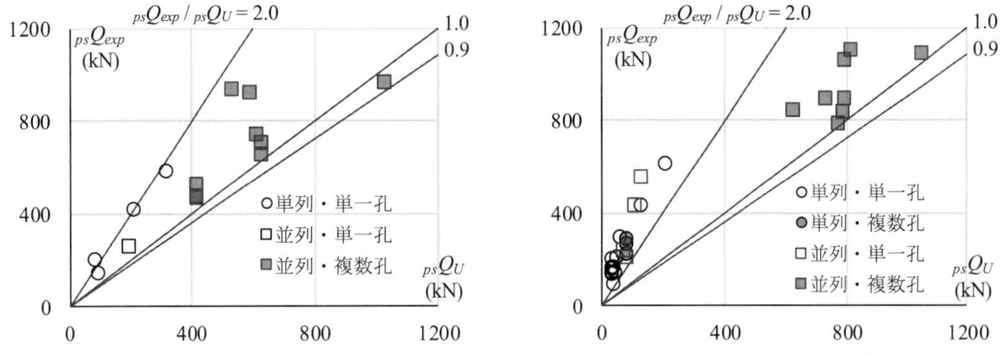

（a）貫通鉄筋あり（15体）　　（b）貫通鉄筋なし（30体）

解図 4.2.21　最大耐力実験値と終局耐力計算値の比較（$_{ps}\phi$＝1.0）

試験体は見られない．しかしながら，単列配置あるいは並列・単一孔の場合，全試験体とも実験値/計算値は 2.0 を上回っており，計算値は実験値を相当に過小評価する結果を与えている．

これは，単列・単一孔で検討された孔部を拘束する因子にコンクリートかぶり部の有効幅（$_eB$）〔図 4.2.2 参照〕の範囲のみを考慮していることが考えられる．コンクリートかぶり部の有効幅（$_eB$）以外による拘束の要因の一つは，単一孔の場合，コンクリートブロックの軸方向の長さに対するコンクリートかぶり部の有効幅（$_eB$）が，複数孔の場合のコンクリートかぶり部の全有効幅（$_hn \cdot {}_eB$）に比べて相対的に小さくなるため，有効幅（$_eB$）の外側の領域のコンクリートかぶり部による拘束[4.2.6)]の効果が大きくなり，孔あき鋼板ジベルの最大せん断耐力が増大すると考えられる．さらに，鋼板の板厚の中心からコンクリートの縁端までの最小距離（b）〔図 4.2.3 参照〕も，孔あき鋼板ジベルの最大せん断耐力に影響を及ぼす．解図 4.2.22 は，（解 4.2.7）式によって算定された耐力補正倍率（$_{ps}\beta$）と最小距離（b）を孔の中心からコンクリートかぶり部の有効せいまでの距離（$_dh + {}_{rc}h_e$）〔図 4.2.2 参照〕で除した値 $\xi\{= b/({}_dh + {}_{rc}h_e)\}$ の関係を示したものである．なお，対象試験体および図中の凡例は，解図 4.2.21 と同じである．貫通鉄筋の有無にかかわらず，ξ が大きくなると耐力補正倍率（$_{ps}\beta$）は増加しているが，同図(a)に示す貫通鉄筋が配置されている場合と比べ

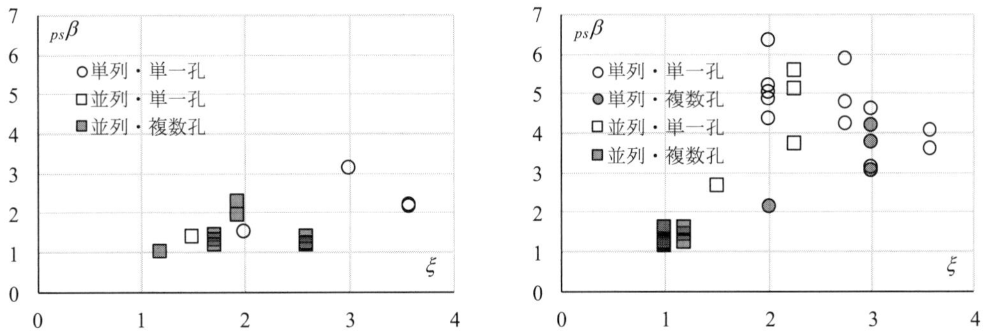

（a）貫通鉄筋あり（15体）　　（b）貫通鉄筋なし（30体）

解図 4.2.22　孔あき鋼板ジベルの終局せん断耐力に及ぼす RC 部材の形状寸法の影響

て，同図(b)に示す貫通鉄筋のない場合の方が，耐力補正倍率（${}_{ps}\beta$）に及ぼすξの影響とそのばらつきは大きいことがわかる．

以上のことから，孔あき鋼板ジベルの最大せん断耐力は，コンクリートかぶり部以外におけるコンクリートブロックの形状寸法の影響を受けると考えられる．現状の研究成果において，有効幅（${}_{e}B$）の外側の領域である鋼板端部側のコンクリートかぶり部による拘束の効果を評価する手法については，文献4.2.6）が参考となる．ただし，この評価法は押抜き試験体のみを対象としていること，およびコンクリートブロックの形状寸法が孔あき鋼板ジベルの終局せん断耐力に及ぼす効果を安全かつ精度良く評価する手法は，現時点における研究成果において，その策定が可能な段階にない．したがって，本指針では，幅広い鋼・コンクリート接合部に孔あき鋼板ジベルを安全に用いることを考慮して，貫通鉄筋の配置を原則とするとともに，解図4.2.21(a)に基づいて，耐力補正倍率（${}_{ps}\beta$）は，貫通鉄筋が配置される場合の終局耐力計算値をある程度のばらつきの範囲に止めることのできる(4.2.6)式，および耐力低減係数（${}_{ps}\phi$）は，${}_{ps}\phi=0.90$を適用することとした．

（４）　ジベル鋼板の孔間部の設計

複数孔を有する場合の孔あき鋼板ジベルに特有な破壊現象として，孔の直径に対して隣り合うジベル孔の中心間距離（以下，孔間隔という）が狭くなると，孔部のコンクリートが終局せん断耐力を発揮するまでに孔間の鋼板部がせん断降伏に至り，十分な孔あき鋼板ジベルの耐力が発揮されない実験結果がいくつか報告されている[4.2.8), 4.2.14)]．そこで，本指針では，孔部のコンクリートが終局せん断耐力を発揮するまで，孔間の鋼板部はせん断降伏を許容せず弾性域に留まるように，(4.2.13)式を用いて設計する．孔間の鋼板部の降伏せん断耐力を算定する(4.2.14)式は，Leonhardtらが押抜き試験に基づいて提案した実験式[4.2.8)]を基本に策定された，土木示方書[4.2.10)]と同様の耐力式を用いることとした．解図4.2.23(a)は，解表4.2.3の実験資料において，ジベル鋼板の降伏強度が示された97体の試験体を対象に，(4.2.13)式との対応関係を示したものである．縦軸は，実験値

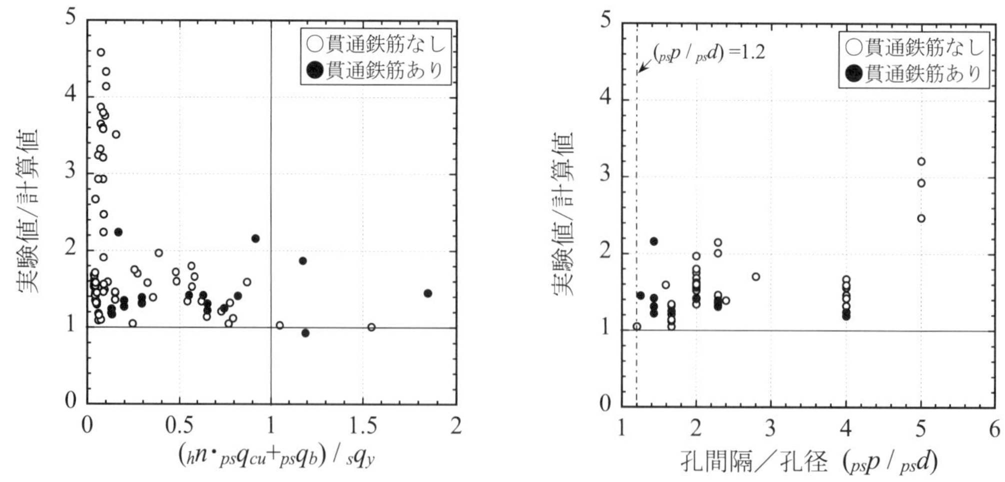

(a) (4.2.13)式との対応　　(b) 孔部のコンクリートの破壊

解図4.2.23　孔あき鋼板ジベルの孔間部の設計に関する最大耐力実験値と終局耐力計算値の比較

を(4.2.2)式の計算値で除した値である．(4.2.13)式による計算上，ジベル鋼板部のせん断降伏が先行する試験体は5体存在する．そのうち1体は，実験値が(4.2.2)式の計算値をわずかに下回る結果が見られるが，(4.2.2)式の計算値に対する実験値の比は1.11であり，安全側に評価される．

孔あき鋼板ジベルの孔間隔に関して，円滑なせん断伝達を確保するためには，孔間隔は小さい方がよいとされ，土木示方書[4.2.10)]では孔の直径の2.8倍以下，「鉄道構造物等設計標準・同解説」[4.2.15)]では500 mm以下とし，これより大きい孔間隔を設ける場合，孔あき鋼板ジベルの周囲を十分に補強することが推奨されている．一方で，本指針で策定された孔あき鋼板ジベルの終局耐力評価式では，おのおのの孔に対して，コンクリートかぶり部の拘束応力度による耐力上昇が考慮されているため，孔間隔の上限値は設けていない．解図4.2.23(b)より，(4.2.13)式に基づいて孔部のコンクリートの破壊に分類された複数孔の試験体67体の最大耐力実験値は，孔の直径に対する孔間隔の比（${}_{ps}p/{}_{ps}d$）が1.2〜5.0の広範囲において，貫通鉄筋の有無にかかわらず，(4.2.2)式の終局せん断耐力計算値を上回っている．

（5） ジベル鋼板と母材との接合部の設計

孔あき鋼板ジベルに作用するせん断力を確実に伝達するために，ジベル鋼板と母材の溶接接合部の耐力は，(4.2.2)式による孔あき鋼板ジベルの終局せん断耐力よりも大きくなるようにする．溶接接合部の耐力は，本会「鋼構造接合部設計指針」[4.2.16)]の最大耐力式を準用するものとする．なお，孔あき鋼板ジベルよりも母材の材料強度が小さい場合は，母材の材料強度を用いて設計する．

（6） 既往の実験結果との対応

解表4.2.3の実験資料による試験体132体のうち，4体の最大耐力の決定要因は，孔部のコンクリートの破壊ではなく，明らかに鋼板部のせん断降伏およびコンクリート側面部の割裂破壊によるものであったため，比較対象から除外する．ここで，コンクリート側面部の割裂破壊とは，ジベル孔の側面部にある骨材どうしのかみ合わせによって，コンクリートが孔部から外側に押し広げられる現象から生じるものと考えられる．本指針の「4.4 構造細則」では，この割裂破壊を防止するため，鋼板側面からコンクリート側面までの距離の最小値を規定している．

解図4.2.24および解図4.2.25は，孔あき鋼板ジベルの最大耐力実験値と終局耐力計算値の比較を解図4.2.19に示す単列配置と並列配置に区分し，孔数との対応を示したものである．それぞれの同図(a)の計算値は本指針の終局耐力評価式の(4.2.2)式を用い，同図(b)の計算値は土木示方書終局耐力式の(解4.2.9)式を用いたものである．解図4.2.26は貫通鉄筋の有無で分類し，本指針の終局耐力評価式の(4.2.2)式から求まる${}_{ps}Q_U$に耐力低減係数${}_{ps}\phi$(＝0.90）を乗じた計算値と実験値との対応を示している．

単列配置の場合，解図4.2.24(a)，(b)より，実験値／計算値は，同図(a)の本終局耐力評価式が0.97〜4.58（平均値1.91，変動係数0.456），同図(b)の土木示方書終局耐力式が0.36〜1.64（平均値0.905，変動係数0.307）となっている．本指針の終局耐力評価式の実験値／計算値は，土木示方書終局耐力式に比べてばらつきは若干大きいが，単列配置の検証試験体78体のうち，実験値／計算値＜1.0に分布する試験体の割合は，土木示方書終局耐力式では69.2 %を占めているのに対して，本終局耐力評価式では1.28 %であり，本終局耐力評価式は，孔数および貫通鉄筋の有無にかかわ

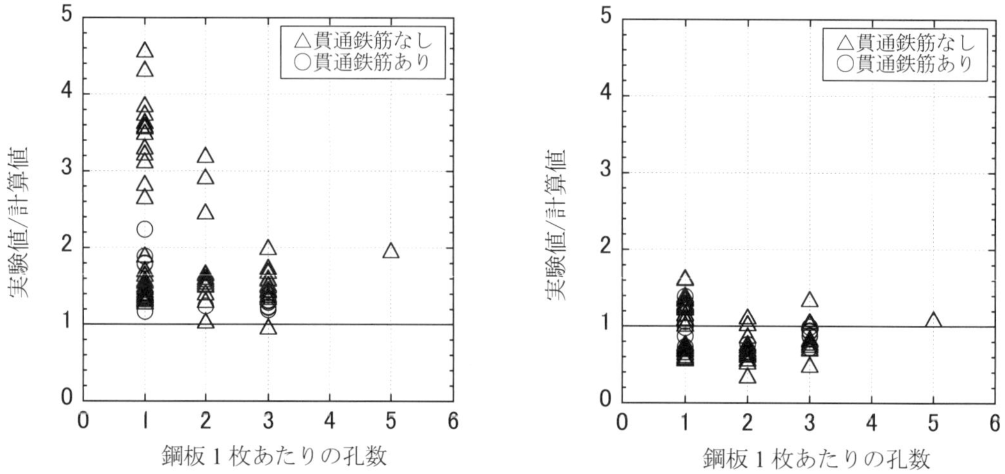

(a) 本指針の終局耐力評価式　　(b) 土木示方書の終局耐力評価式

解図 4.2.24　単列配置の最大耐力実験値と終局耐力計算値の比較

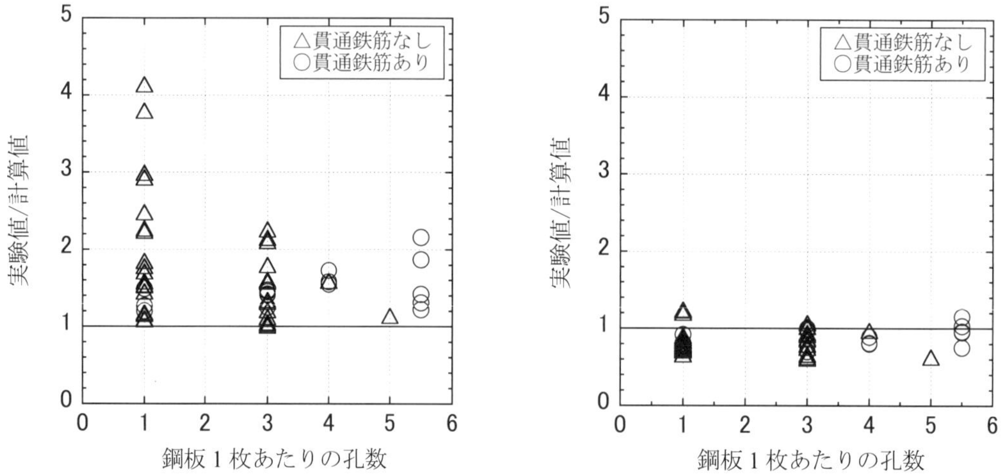

(a) 本指針の終局耐力評価式　　(b) 土木示方書の終局耐力評価式

解図 4.2.25　並列配置の最大耐力実験値と終局耐力計算値の比較

らず，実験値を安全側に評価している．並列配置の場合，解図 4.2.25(a)，(b)の比較より，実験値 / 計算値は，本終局耐力評価式が 1.01～4.14（平均値 1.69，変動係数 0.391），土木示方書終局耐力式が 0.61～1.24（平均値 0.869，変動係数 0.183）となる．並列配置の検証試験体 50 体のうち，実験値 / 計算値＜1.0 に分布する試験体の割合は，土木示方書終局耐力式が 82.0 %，本終局耐力評価式が 0 %であり，本終局耐力評価式の方が土木示方書終局耐力式に比べて実験値 / 計算値のばらつきは若干大きいものの，並列配置の場合でも，本終局耐力評価式は実験結果を安全側に評価できている．以上より，本終局耐力評価式による計算値は，土木示方書終局耐力式による場合よりも実験値を安全側に評価できる傾向にある．

一方で，耐力低減係数 $_{ps}\phi$(＝0.90) を用いた本指針の終局耐力評価式による計算値と実験値の対

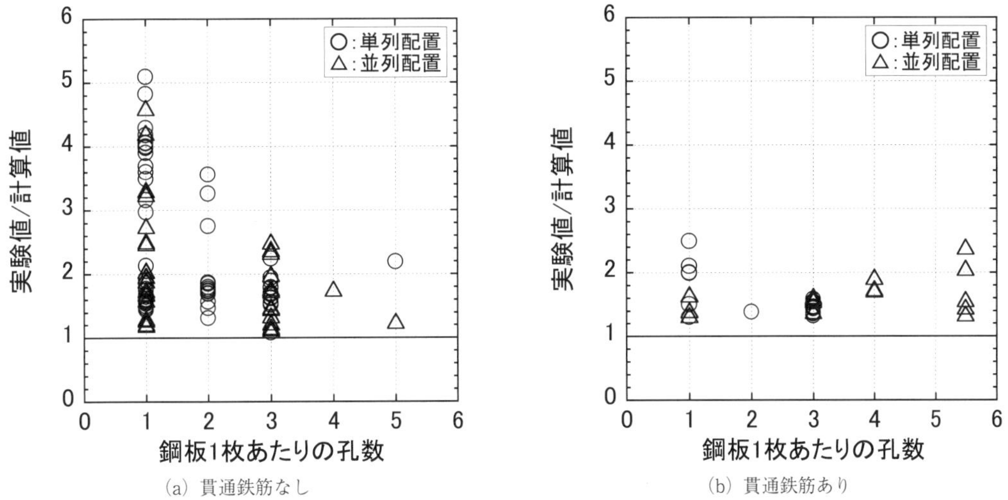

解図 4.2.26　耐力低減係数を用いた本指針の終局耐力計算値と最大耐力実験値の比較

応は解図 4.2.26 のとおりであり，貫通鉄筋なし（試験体数 94 体）の場合が実験値 / 計算値 ＝1.08～5.09（平均値 2.18，変動係数 0.449），貫通鉄筋あり（試験体数 34 体）の場合が実験値 / 計算値 ＝1.17～2.24（平均値 1.45，変動係数 0.194）となっている．貫通鉄筋なしの場合に比べて，貫通鉄筋ありの場合の計算値は実験値と良い対応を示し，ばらつきも小さい．検証試験体全 128 体のうち実験値 / 計算値＜1.0 に分布する試験体は存在せず，本終局耐力評価式による計算値は，実際の接合部に配置されることが想定される複数孔の場合の実験値を安全側に評価できている．

【参 考 文 献】

4.2.1）福元敏之：摩擦・付着を考慮した拘束応力下に於ける孔あき鋼板ジベルの終局せん断耐力，日本建築学会構造系論文集，Vol.82，No.742，pp.1935-1944，2017.12

4.2.2）福元敏之，澤本佳和：拘束応力下に於ける鋼・コンクリート接触面の摩擦・付着特性，日本建築学会構造系論文集，Vol.82，No.736，pp.941-948，2017.6

4.2.3）瀬戸強士，堀田久人：拘束下に於けるコンクリートと鋼板・異形鉄筋の付着特性に関する研究，日本建築学会大会学術講演梗概集，構造Ⅲ，pp.937-938，1996.9

4.2.4）日本建築学会：高強度コンクリートの技術の現状，1991

4.2.5）西海健二，沖本眞之：拘束力を考慮した有孔鋼板のずれ止め特性に関する研究，土木学会論文集，No.663/I-49，pp.193-203，1999.10

4.2.6）藤井堅，道菅裕一，岩崎初美，日向優裕，森賢太郎，山口詩織，孔あき鋼板ジベルのずれ耐荷力評価式，土木学会論文集 A1（構造・地盤工学），Vol.70，No.5，II_53-II_68，2014.5

4.2.7）田中照久，山下慎太郎，堺純一：並列配置したバーリングシアコネクタおよび孔あき鋼板ジベルの押抜き試験，第 12 回複合・合成構造の活用に関するシンポジウム講演集，pp.57-1-57-8，2017.11

4.2.8）Leonhardt, F., Andrä, W., Andrä, H.P. and Harre, W.：Neues, vorteilhaftes Verbundmittel fur Stahlverbund-Tragwerke mit hoher Dauerfestigkeit, Beton und Stahlbetonbau, 82 Heft 12, pp.325-331, 1987

4.2.9）土木学会：複合構造ずれ止めの抵抗機構の解明への挑戦，複合構造レポート 10，2014.8

4.2.10）土木学会：2014 年度制定　複合構造標準示方書［原則編・設計編］，2015

4.2.11）日本鋼構造協会：頭付きスタッドの押抜き試験方法（案）とスタッドに関する研究の現状，JSSC テ

クニカルレポート，No.35，1996.11

4.2.12）CEN：Eurocode4：Design of composite steel and concrete structures Paret1-1：General rules for buildings, 2009

4.2.13）保坂鐵矢，光木香，平城弘一，牛島祥貴，橘吉宏，渡辺滉：孔あき鋼板ジベルのせん断特性に関する実験的研究，構造工学論文集，Vol.46A，pp.1593-1604，2000.3

4.2.14）古内仁，上田多門，鈴木統，田口秀彦：孔あき鋼板ジベルのせん断伝達耐力に関する一考察，第6回複合構造の活用に関するシンポジウム講演論文集，pp.26-1-26-8，2005.11

4.2.15）鉄道総合研究所：鉄道構造物等設計標準・同解説－鋼・合成構造物，2015

4.2.16）日本建築学会：鋼構造接合部設計指針，2021

4.2.17）保坂鐵矢，平城弘一，小枝芳樹，橘吉宏，渡辺滉：鉄道用連続合成桁に用いるずれ止め構造のせん断特性に関する実験的研究，構造工学論文集，Vol.44A，pp.1497-1504，1998.3

4.2.18）平陽兵，天野玲子，大塚一雄：孔あき鋼板ジベルの疲労特性，コンクリート工学年次論文報告集，Vol.19，No.2，pp.1503-1508，1997.7

4.2.19）平陽兵，古市耕輔，山村正人，冨永知徳：孔あき鋼板ジベルの基本特性に関する実験的研究，コンクリート工学年次論文報告集，Vol.20，No.3，pp.859-864，1998.6

4.2.20）西海健二，冨永知徳，室井進次，古市耕輔：拘束条件を考慮した孔あき鋼板ジベルのずれ止め特性に関する研究，コンクリート工学年次論文報告集，Vol.20，No.3，pp.865-870，1998.6

4.2.21）上原謙二，蛯名貴之，高橋恵悟，柳下文夫：パーフォボンドリブのせん断耐力に関する基礎的研究，プレストレストコンクリート技術協会　第8回シンポジウム論文集，pp.31-36，1998.10

4.2.22）西海健二，松岡和己：孔あき鋼板ジベルの拘束条件がずれ耐力に及ぼす影響に関する実験，第4回複合構造の活用に関するシンポジウム講演論文集，pp.157-162，1999.11

4.2.23）立伸久雄，田村望，蛯名貴之，上平謙二：波形鋼板ウェブ橋に用いるずれ止め構造のせん断特性に関する実験的研究，コンクリート工学年次論文報告集，Vol.23，No.3，pp.691-696，2001.6

4.2.24）日向優裕，藤井堅，深田和宏，道管裕一：並列配置された孔あき鋼板ジベルの終局ずれ挙動，構造工学論文集，Vol.53A，pp.1089-1098，2007.3

4.2.25）中島章典，小関聡一郎，内藤雅人，中島絢平，鈴木康夫：長手方向に複数配置した孔あき鋼板ジベルのせん断力分担に関する実験的研究，構造工学論文集，Vol.57A，pp.996-1006，2011.3

4.2.26）田中照久，堺純一，梅崎正吉：高強度鋼材 H-SA700A を用いた合成梁の曲げ性状に関する実験的研究　孔あき鋼板ジベルのずれ止め効果，構造工学論文集，Vol.57B，pp.517-526，2011.3

4.2.27）梅崎正吉，田中照久，堺純一：鋼・コンクリート合成梁に用いる孔あき鋼板ジベルのせん断耐力に関する実験的研究，コンクリート工学年次論文報告集，Vol.33，No.2，pp.1195-1200，2011.6

4.2.28）則松一揮，田中照久，堺純一，河野昭彦：繰返しせん断力を受ける各種ずれ止めの力学的性状，鋼構造年次論文報告集，第21巻，pp.375-382，2013.11

4.2.29）田中照久，堺純一，河野昭彦：バーリング加工を活用した新しい機械的ずれ止めの開発，日本建築学会構造系論文集，Vol.78，No.694，pp.2237-2245，2013.12

4.2.30）田中照久，堺純一，河野昭彦：バーリングシアコネクタおよび孔あき鋼板ジベルのコンクリートとのずれ挙動に及ぼす鉄筋の拘束効果に関する実験的研究，都市・建築学研究，九州大学大学院人間環境学研究院紀要，Vol.26，pp.91-100，2014.7

4.2.31）中村匡宏：繰返しせん断力を受ける各種ずれ止めを用いた合成梁の弾塑性曲げ性状に関する実験的研究，福岡大学工学部建築学科卒業計画論文梗概集，2015.3

4.2.32）田中照久，堺純一，河野昭彦：貫通鉄筋を有するバーリングシアコネクタの力学的性状に関する実験的研究，コンクリート工学年次論文報告集，Vol.37，No.2，pp.1027-1032，2015.6

4.2.33）Nguyen Minh Hai，中島章典，高橋直紀，水取未流，大野将季，藤倉修一：押抜き試験体形状の影響を考慮した孔あき鋼板ジベルのせん断耐力の再評価，土木学会論文集 A1，Vol.74，No.1，pp.22-27，2018.1

4.2.34）井土祥太，田中照久，堺純一：コンクリート強度が各種ずれ止めの力学的特性に及ぼす影響，鋼構造年次論文報告集，Vol.53，pp.43-50，2018.11

4.3　許容耐力設計

（1）　孔あき鋼板ジベルを用いた接合部の長期許容耐力は，(4.3.1)式とすることができる．孔あき鋼板ジベルの孔1個あたりの長期許容耐力は，ジベル孔側面によるコンクリートのひび割れせん断耐力とし，(4.3.2)式による．

$$ {}_{p}n \cdot {}_{h}n \cdot {}_{ps}q_{AL} \geqq Q_{dAL} \qquad (4.3.1) $$

$$ {}_{ps}q_{AL} = 2\,{}_{c}A \cdot {}_{c}\tau_{c} \qquad (4.3.2) $$

ここで，${}_{c}A = \dfrac{\pi \cdot {}_{ps}d^2}{4}$，${}_{c}\tau_{c} = 0.5\sqrt{F_c}$

Q_{dAL}：長期荷重時の接合部に作用する設計用せん断力

${}_{ps}q_{AL}$：孔あき鋼板ジベルのジベル孔1個あたりの長期許容耐力

${}_{p}n$：ジベル鋼板の並列配置数

${}_{h}n$：ジベル鋼板1枚あたりの孔数

${}_{c}A$：ジベル孔1個あたりにおける孔内のコンクリートの断面積

${}_{ps}d$：ジベル孔の直径

${}_{c}\tau_{c}$：コンクリートのせん断ひび割れ強度

F_c：コンクリートの設計基準強度

（2）　孔あき鋼板ジベルを用いた接合部の短期許容耐力は，(4.3.3)式とすることができる．

$$ {}_{ps}Q_{AS} \geqq Q_{dAS} \qquad (4.3.3) $$

ここで，${}_{ps}Q_{AS} = (2/3) \cdot {}_{ps}Q_{U}$　(4.3.4)

Q_{dAS}：短期荷重時の接合部に作用する設計用せん断力

${}_{ps}Q_{AS}$：孔あき鋼板ジベルの短期許容耐力

${}_{ps}Q_{U}$：孔あき鋼板ジベルの終局せん断耐力で(4.2.2)式による

孔あき鋼板ジベルの長期許容耐力は，その接合部において，変形，コンクリートのひび割れ，鋼とコンクリートの離間等によって，建築物の機能や使用者の居住に関して発生する障害が生じない状態の耐力とする．また，短期許容耐力は，地震等の短期的な外力が作用し，その残留変形等が建築物を継続使用する際に支障がない状態の耐力とする．以下，孔あき鋼板ジベルの荷重ずれ変位関係に基づいて，許容耐力に関して述べる．

孔あき鋼板ジベル（ジベル鋼板の厚さ12 mm，ジベル孔の直径ϕ50，ジベル鋼板のせい100 mm，ジベル鋼板の長さ400 mm，貫通鉄筋なし，鋼板の表面処理状態は黒皮，鋼板端部に空隙ありとする場合）と，頭付きスタッド（呼び名22，呼び長さ100 mm）を用いた同一形状の試験体〔解図4.3.1参照〕の押抜き試験[4.3.1)]から得られた作用せん断力（Q）−ずれ変位（δ_s）の関係を解図4.3.2に示す．縦軸は，それぞれの最大荷重で無次元化している．また，解図4.3.3は，繰返し載荷

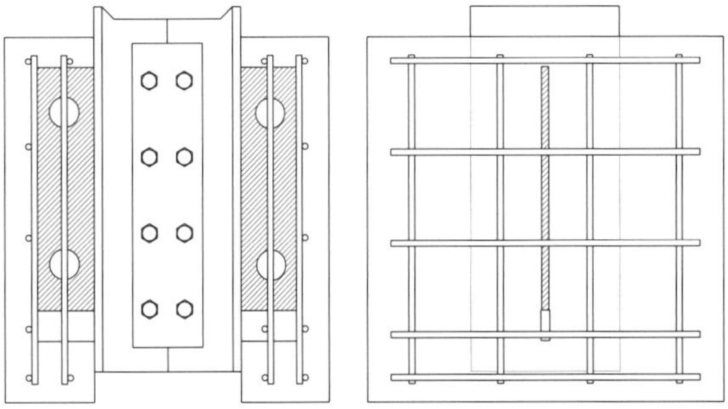

押抜き試験体の諸元

コンクリートブロックの断面せい × 断面幅：150×600 (mm)

コンクリート圧縮強度：30.1 N/mm^2

補強鉄筋：D10-@150

補強鉄筋の降伏点：348 N/mm^2

解図4.3.1　押抜き試験体の諸元[4.3.1)]

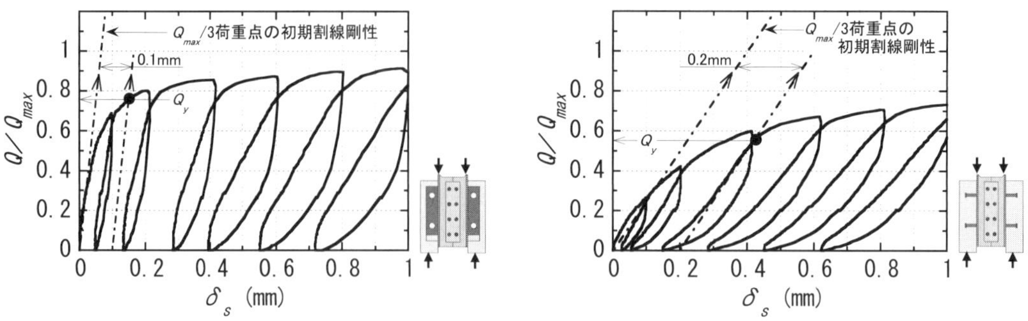

(a) 孔あき鋼板ジベル　　(b) 頭付きスタッド

解図 4.3.2　各種ずれ止めの作用せん断力－ずれ変位の関係[4.3.1)]

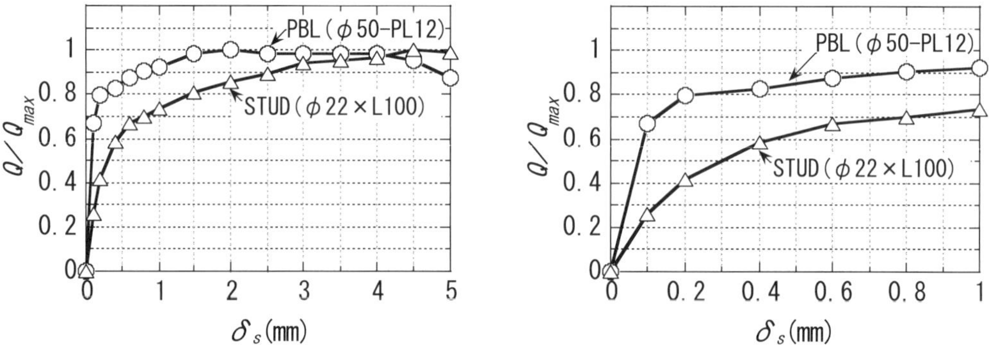

(a) ずれ変位 5 mm まで　　(b) ずれ変位 1 mm まで

解図 4.3.3　各種ずれ止めの作用せん断力－ずれ変位の関係

における各除荷時の直前の荷重を最大荷重で除した値，横軸は除荷時のずれ変位の関係を示している．解図 4.3.2 および解図 4.3.3 より，孔あき鋼板ジベル（PBL）は，頭付きスタッド（STUD）に比べて小さなずれ変位で高いせん断耐力を発揮する特徴を有していることがわかる．

土木学会の複合構造標準示方書[4.3.2)]（以下，土木示方書という）では，貫通鉄筋を有する場合の作用せん断力と残留ずれ変位の関係を検討し，安全側の設計の考えから残留ずれが急激に大きくならない点として，残留ずれ変位 0.1(mm) 程度を基準とし，この場合の除荷直前のせん断力 V_{ps} を以下の式で与えている．

$$V_{ps}=0.33V_u \qquad \text{(解 4.3.1)}$$

ここで，V_u：終局せん断耐力

除荷直前のせん断力を使用性の照査に用いるものとし，ジベル孔内に貫通鉄筋がない場合についても，(解 4.3.1)式を用いてよいとしている．また，「鉄道構造物等設計標準・同解説　鋼・合成構造物」[4.3.3)] においても，土木示方書の終局せん断耐力式とは異なるが，設計せん断耐力は終局せん断耐力の 0.33 倍としている．一方，「道路橋示方書・同解説」[4.3.4)] には孔あき鋼板ジベルに関する記載はないが，残留ずれが急変する荷重を限界荷重と定義し，限界荷重を許容せん断耐力として規定している．

建築構造物への適用を考慮してコンクリートかぶり部のせい（$_{rc}h$）が小さく設定された押抜き試験体（$_{rc}h$=50 mm）の孔あき鋼板ジベルは，解図 4.3.3 のずれ挙動からも，ずれが急変する変位は約 0.1 mm であることが確認できる．これは，ジベル孔部のコンクリートのせん断ひび割れの発生ならびにジベル鋼板とコンクリートの摩擦・付着によるせん断応力度が最大せん断応力度〔解図 4.2.2 参照〕に達したことに起因すると考えられる．

（1）　長期許容耐力

一例として紹介した解図 4.3.3 の実験結果において，ずれ変位 0.1 mm 時のせん断耐力は最大せん断耐力の 0.6 倍程度を発揮しているが，このせん断耐力は，孔部のコンクリートのせん断面に作用する拘束応力によって異なる．そこで，本指針による孔あき鋼板ジベルのジベル孔 1 個あたりの長期許容耐力 $_{ps}q_{AL}$ は，鋼とコンクリートの接触面においてずれが生じない段階とし，コンクリートかぶり部と貫通鉄筋の拘束応力が作用する以前のコンクリートのせん断ひび割れ耐力として，(4.3.2)式によって評価することとした．なお，コンクリートのせん断ひび割れ発生時の鋼とコンクリートの接触面における摩擦・付着によるせん断応力度については，その定量的な評価法の確立には至っていないことから，長期許容耐力に考慮しないものとしている．

孔あき鋼板ジベルの本指針の終局耐力評価式の妥当性を検証した 132 体の実験試験体〔解表 4.2.3 参照〕のうち，125 体において，(4.3.2)式によるコンクリートのせん断ひび割れ強度（$_{c}\tau_{c}$）は 1.87～3.8 N/mm^2（平均 2.93 N/mm^2）であり，(4.2.3)式による終局せん断耐力計算値（$_{ps}q_{cu}$）に対する長期許容耐力計算値（$_{ps}q_{AL}$）の比は，約 0.125～0.212（平均 0.159，変動係数 0.158）の範囲にある．

（2）　短期許容耐力

頭付きスタッドの降伏せん断耐力 Q_y の評価法に関して，文献 4.3.5）では，解図 4.3.2(b)に示すように，0.2 mm オフセット法（0.33$Q_{\max}$ 荷重点の初期割線剛性の 0.2 mm オフセット値）を推奨している．これは，頭付きスタッドを用いた押抜き試験から得られた，「0.2 mm オフセット値がずれの急変点における荷重，つまり，ずれ剛性が急激に低下する荷重点によく対応する」という結果に基づいている．しかしながら，孔あき鋼板ジベルは，孔部のコンクリートのせん断ひび割れやジベル鋼板とコンクリートの接触面における摩擦・付着によるせん断応力度が最大せん断応力度に達する影響により，0.2 mm よりも小さなずれ 0.1 mm 程度の段階で，ずれの急変点が起こることが指摘されており[4.3.1)]，解図 4.3.3 のせん断力－ずれ変位関係からもその性状が把握される．したがって，孔あき鋼板ジベルの降伏せん断耐力の評価は，ジベル鋼板とコンクリートの接触面における最大応力度〔解図 4.2.2 参照〕到達後にずれが急変することを想定し，0.1 mm オフセット法（0.33$Q_{\max}$ 荷重点の初期割線剛性の 0.1 mm オフセット値）に基づいて評価することとした．解図 4.3.2(a)のせん断力－ずれ変位関係より，孔あき鋼板ジベルの 0.1 mm オフセット耐力は，最大荷重 $Q_{\max}$ の 0.75 倍程度であり，頭付きスタッド〔解図 4.3.2(b)参照〕に比べて降伏耐力時のずれを小さく抑えることが示されており，剛なずれ止めの特性を評価できていると考えられる．

孔あき鋼板ジベルの短期許容耐力は，前述の特性を考慮して，本指針では終局せん断耐力の 2/3 倍として評価できるものとした．孔あき鋼板ジベルの終局せん断耐力は，孔部のコンクリートの終局せん断耐力とジベル鋼板とコンクリートの摩擦・付着耐力の和であるため，本指針による短期許容耐力は，おのおのの耐力を 2/3 倍していることになり，前者はコンクリートかぶり部と貫通鉄筋の拘束応力による耐力上昇率を 2/3 倍，後者は，安全側の配慮から最大せん断応力度ではなく残留せん断応力度〔解図 4.2.2 参照〕を 2/3 倍として，それぞれの耐力を低減して評価することとした．

解図 4.3.4 は，解表 4.2.3 に示す実験資料を用い，孔部のコンクリートのせん断破壊で耐力が決定する試験体を対象として，最大荷重の 2/3 倍（$0.66Q_{max}$）のずれ変位が読み取れた結果を示したものである．$0.66Q_{max}$ 時のずれ変位は，貫通鉄筋がない場合が約 0.061～0.527 mm（平均値 0.245 mm，変動係数 0.734），貫通鉄筋を有する場合が約 0.213～0.473 mm（平均値 0.298 mm，変動係数 0.310）である．また，解図 4.3.5 は，貫通鉄筋の有無に対して，$0.66Q_{max}$ 時のずれ変位が大きかった試験体〔解図 4.3.4 参照〕のせん断力　ずれ変位関係を例として示している．なお，これらは，文献に示されている実験結果のせん断力－ずれ変位関係から直接読み取ったものである．孔部のコ

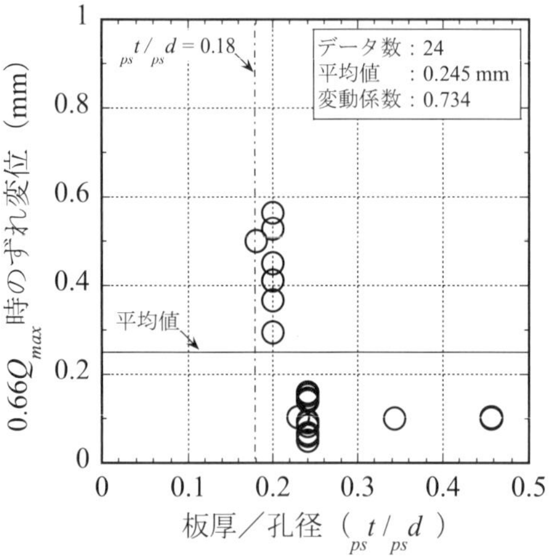

(a) 貫通鉄筋なしの場合

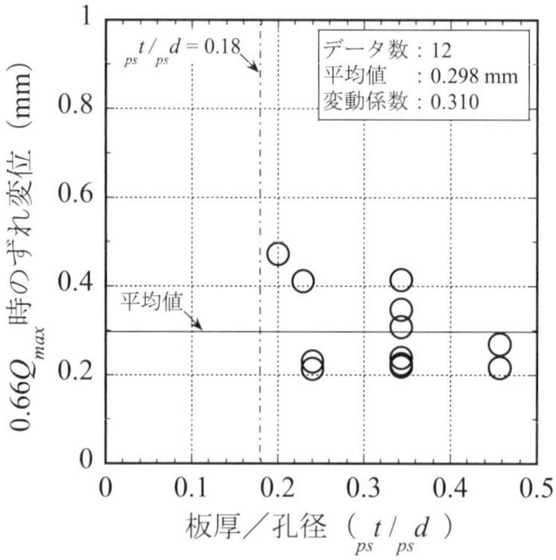

(b) 貫通鉄筋ありの場合

解図 4.3.4　$0.66Q_{max}$ 時のずれ変位

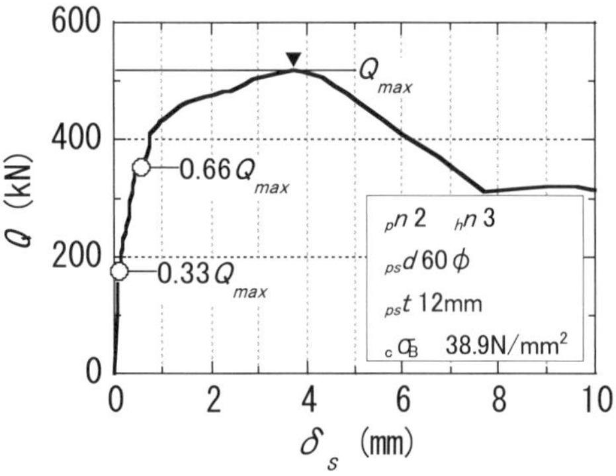

(a) 貫通鉄筋なしの場合[4.3.6)]

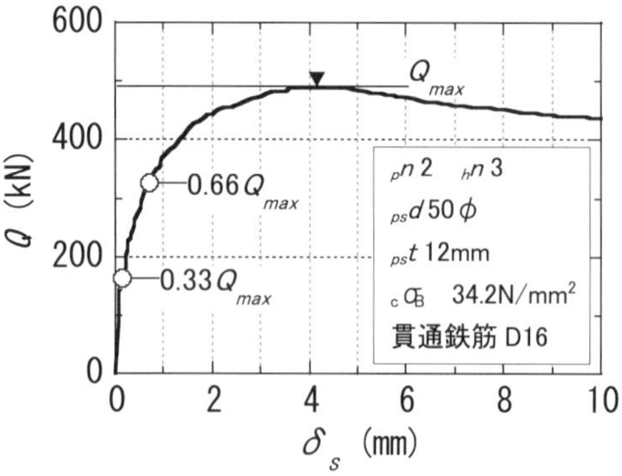

(b) 貫通鉄筋ありの場合[4.3.7)]

解図 4.3.5　作用せん断力－ずれ変位関係の一例

ンクリートのせん断破壊によって終局せん断耐力が決定づけられる試験体における 0.66Q_{max} 時のずれ変位は，初期のずれ剛性が失われる前後，すなわち，ジベル鋼板とコンクリートの接触面における摩擦・付着耐力が最大耐力を発揮する程度と考えられるが，その後もコンクリートかぶり部および貫通鉄筋による拘束応力によって終局状態まで耐力は上昇するため，孔あき鋼板ジベルのせん断耐力が低下することはない．

【参 考 文 献】

4.3.1）則松一揮，田中照久，堺純一，河野昭彦：繰返しせん断力を受ける各種ずれ止めの力学的性状，鋼構造年次論文報告集，Vol.21，pp.375-382，2013.11

4.3.2）土木学会：2014 年度制定　複合構造標準示方書［原則編・設計編］，2015

4.3.3）鉄道総合研究所：鉄道構造物等設計標準・同解説－鋼・合成構造物，2015

4.3.4）日本道路協会：道路橋示方書・同解説Ⅱ　鋼橋・鋼部材編，2017

4.3.5）日本鋼構造協会：頭付きスタッドの押抜き試験方法（案）とスタッドに関する研究の現状，JSSC テクニカルレポート，No.35，pp.15-17，1996.11

4.3.6）西海健二，冨永知徳，室井進次，古市耕輔：拘束条件を考慮した孔あき鋼板ジベルのずれ止め特性に関する研究，コンクリート工学年次論文報告集，Vol.20，No.3，pp.865-870，1998.6

4.3.7）古内仁，上田多門，鈴木統，田口秀彦：孔あき鋼板ジベルのせん断伝達耐力に関する一考察，第 6 回複合構造の活用に関するシンポジウム講演論文集，pp.26-1-26-8，2005.11

4.4　構造細則

孔あき鋼板ジベルの設計における構造細則について，以下に示す．

（1）　ジベル鋼板の孔径 $_{ps}d$ は，粗骨材の最大寸法と貫通鉄筋の呼び名に用いた数値の合計以上，かつ 80 mm 以下とする．

（2）　ジベル鋼板の厚さ $_{ps}t$ は，9 mm 以上 22 mm 以下，かつ孔径 $_{ps}d$ の 0.18 倍以上とする．

（3）　ジベル鋼板の並列間隔（複数列平行に配置する場合のジベル鋼板の中心間隔）$_{ps}s$ は，ジベル鋼板せい $_{ps}h$ の 1.5 倍以上，かつジベル孔径 $_{ps}d$ の 3 倍以上とする．

（4）　ジベル鋼板と母材の溶接部は，両面隅肉溶接，K 形開先の両面溶接による部分溶込み溶接，および完全溶込み溶接とする．

（5）　コンクリートかぶり部のせい（ジベル鋼板上端からコンクリート上面までの距離）$_{rc}h$ は，50 mm 以上，かつジベル鋼板のせい $_{ps}h$ の 0.5 倍以上とする．また，側面かぶり厚さ（ジベル鋼板の側面からコンクリート側面までの距離）$_{ps}c$ は 100 mm 以上，かつ孔径 $_{ps}d$ の 2 倍以上とする．

（6）　ジベル孔内には原則として貫通鉄筋を配置する．貫通鉄筋の必要定着長さは表 4.4.1 による．標準フック等を貫通鉄筋の端部に設ける場合は，本会「鉄筋コンクリート構造計算規準・同解説」の 17 条 1 項（3）に準ずる．

（7）　ジベル鋼板の長さ $_{ps}l$ は，孔径 $_{ps}d$ と孔数 $_{h}n$ の積の 6 倍以下とする．

（8）　孔あき鋼板ジベルがせん断力を受ける方向に対するジベル鋼板端部の空隙の長さは，原則として 10 mm 以上とする．また，空隙の幅（ジベル鋼板の厚さ方向の長さ）は，ジベル鋼板の厚さ +0～5 mm 程度とする．

（9）　特別な調査研究により耐力に有効な補強が施されていると判断された場合は，上記の構造細則によらなくて設計してもよい．

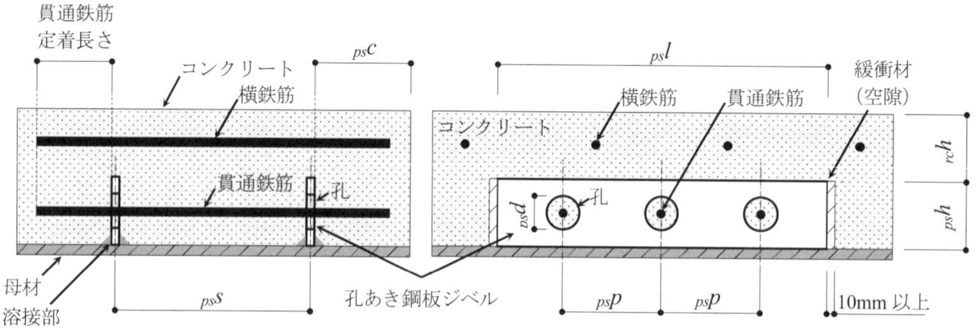

図 4.4.1　孔あき鋼板ジベルの配置

表 4.4.1　貫通鉄筋の必要定着長さ

定着の種類	必要定着長さ
直線定着	$37(_{pr}d_b/f_b)$ 以上
標準フックまたは 信頼できる機械式定着具	直線定着の場合の 0.5 倍以上

$_{pr}d_b$：貫通鉄筋の呼び名に用いた数値（mm）

f_b：付着割裂の基準となる強度で，$(F_c/40+0.9)$ を用いる（N/mm^2）

F_c：コンクリートの設計基準強度（N/mm^2）

（1）　ジベル孔の直径

本指針では，「鉄道構造物等設計標準・同解説」[4.4.1] と同様に，コンクリートの充填性を考慮し，かつジベル孔（以下，孔という）内に充填されたコンクリートとそれより外側のコンクリートの間に位置する骨材どうしのかみ合わせが発揮されるように，孔の最小径は，粗骨材の最大寸法と貫通鉄筋の径（貫通鉄筋の呼び名に用いた数値）の合計以上とした．ただし，解表 4.2.3 に示した実験資料より，検証対象の押抜き試験体に用いられた孔径は ϕ30～ϕ80 の範囲であるため，ϕ80 を超える孔径を適用する場合は，押抜き試験等によってせん断耐力を確認するなどの特別な調査研究を要する．

（2）　ジベル鋼板の厚さ

解図 4.4.1(a)は，孔あき鋼板ジベルの破壊形式に関して，解表 4.2.3 に示した実験資料から得られた孔径とジベル鋼板（以下，鋼板という）の厚さの関係を整理したものである．鋼板の厚さは 6～22 mm の範囲で押抜き試験が実施されており，孔内に充填されたコンクリートが支圧破壊（図中●印）した試験体は，孔側面のコンクリートがせん断破壊（図中○印）した試験体に比べて少ないが，すべて厚さ 6 mm 程度の鋼板が用いられている[4.4.2]．これらの破壊形式の違いは，鋼板の厚さ（${}_{ps}t$）と孔径（${}_{ps}d$）の比 ${}_{ps}t/{}_{ps}d$ に関係しており，例えば，孔径 50 mm に対して，鋼板の厚さが 6 mm の場合はコンクリートの支圧破壊，12 mm の場合は孔部のコンクリートのせん断破壊となり，その中間の 9 mm の場合は両方の破壊形式が報告されている[4.4.3]．すなわち，解図 4.4.1(b)に示すように，${}_{ps}t/{}_{ps}d$ が 0.18 以上の場合，破壊形式は孔部のコンクリートのせん断破壊となる傾向が強く，これらの最大耐力実験値は，本終局耐力評価式で安全側の評価を与えている．「鉄道構造物等設計標準・同解説」[4.4.1] および土木学会の「複合構造標準示方書」[4.4.4] では，いずれも鋼板の厚さは 12 mm 以上を標準としているが，本指針では，これらの結果をふまえ，鋼板の厚さを 9 mm 以上 22 mm 以下，かつ孔径の 0.18 倍以上と規定した．

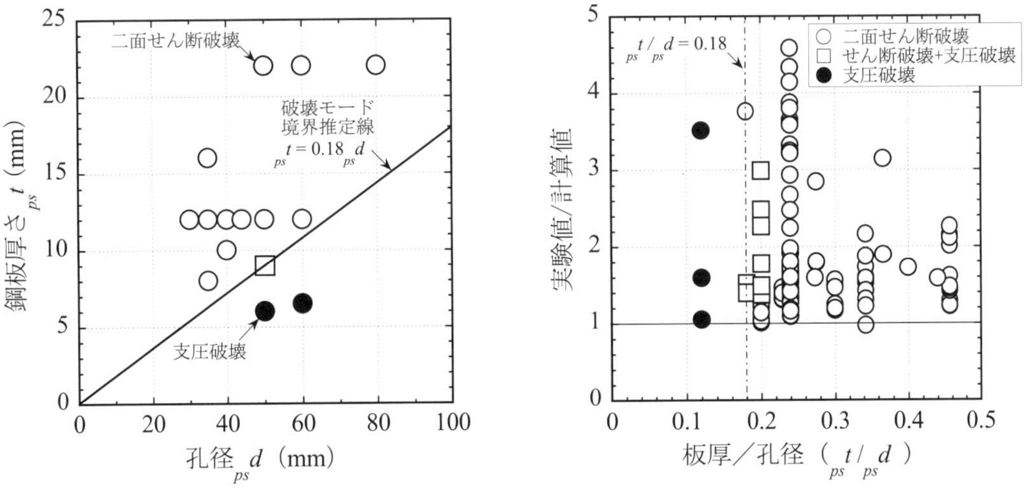

(a) 板厚／孔径の破壊形式　　(b) (4.2.2) 式の計算値と実験値の比較

解図 4.4.1　孔あき鋼板ジベルの孔径と鋼板の厚さに関する破壊モードおよび計算値と実験値との関係

鋼板のせい（垂直）方向に圧縮力を受ける孔あき鋼板ジベルに対しては，コンクリートに埋め込まれる鋼板の局部座屈は十分防止されることから，鋼板の幅厚比${}_{ps}h/{}_{ps}t$の最大値は，本会「鉄骨鉄筋コンクリート構造計算規準・同解説」[4.4.5)]による鉄骨板要素のフランジ幅厚比の制限値と同等としてよい．ここで，鋼板の幅厚比${}_{ps}h/{}_{ps}t$とは，孔径によらず，鋼板の厚さ（${}_{ps}t$）に対する鋼板のせい（${}_{ps}h$）の比である．

（3）　ジベル鋼板の並列間隔

孔あき鋼板ジベルを並列配置する場合，鋼板の並列間隔（中心間距離）はずれ止め特性に影響を及ぼすことが知られている[4.4.4)]．また，単列配置の場合には見られない鋼板の上部間に割裂ひび割れが生じること〔解図 4.4.2 参照〕や貫通鉄筋の有無によって鋼板に囲まれたコンクリートの破壊性状が異なることが報告されている[4.4.6), 4.4.7)]．しかしながら，これらの破壊メカニズムはいまだ明らかにされていないことから，本指針では，既往の実験資料から鋼板の並列間隔を規定することとした．

既往の押抜き試験より，孔径ϕ50・鋼板のせい 100 mm に対して鋼板の並列間隔を 100 mm とした並列配置の試験体は，コンクリート圧縮強度（${}_{c}\sigma_{B}$）が 20～60 N/mm^2 の範囲において，単列配

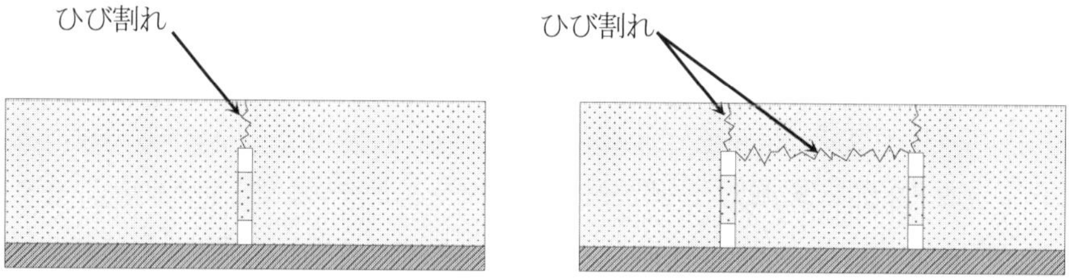

(a) 単列配置　　(b) 並列配置

解図 4.4.2　押抜き試験終了後に確認されたコンクリートブロック上部のひび割れ状況

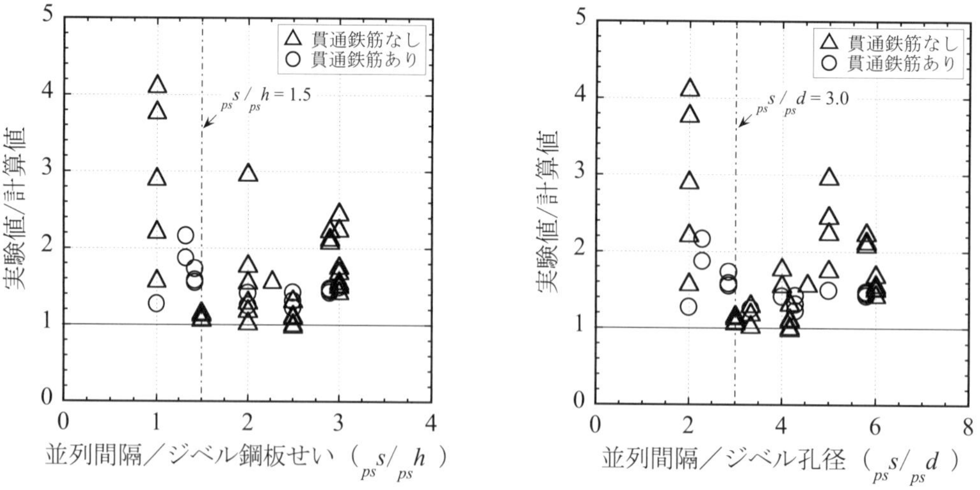

(a) ジベル鋼板せい　　(b) ジベル孔径

解図 4.4.3　孔あき鋼板ジベルの並列配置に関する計算値と実験値との関係

置の試験体と同等以上の鋼板一枚あたりのせん断耐力を発揮することが報告されている[4.4.8)~4.4.10)].
解図 4.4.3 は，解表 4.2.3 に示す試験体の最大耐力実験値と本終局耐力評価式による計算値の関係を示したものである．鋼板の並列間隔は，貫通鉄筋の有無にかかわらず鋼板のせい以上，ジベル孔径の 2 倍以上あればよいことが確認できるが，鋼板のせい（$_{ps}h$）と並列間隔（$_{ps}s$）の比 $_{ps}s/_{ps}h=1.0$ ならば，孔径（$_{ps}d$）と並列間隔（$_{ps}s$）の比 $_{ps}s/_{ps}d=2.0$ の試験体数は，全体の 1 割程度と少ない．

本指針では，並列配置された鋼板 1 枚あたりの孔あき鋼板ジベルの終局せん断耐力が単列に配置した場合と同等の耐力を発揮できるように，貫通鉄筋の有無にかかわらず，鋼板の並列間隔（$_{ps}s$）を鋼板のせい（$_{ps}h$）の 1.5 倍以上（$_{ps}s/_{ps}h\geqq1.5$），かつジベル孔径 $_{ps}d$ の 3 倍以上（$_{ps}s/_{ps}d\geqq3.0$）と規定した．ただし，鋼板の厚さが極端に大きくなると，鋼板の内法距離が小さくなり，おのおのの鋼板内面側において，孔部のコンクリートの骨材のかみ合わせによるせん断抵抗に影響を及ぼすことが懸念されるため，鋼板の厚さ（$_{ps}t$）は，実験で確認できている 22 mm 以下とした．

（4）　ジベル鋼板と母材の溶接部

ジベル鋼板と母材の溶接部は両面隅肉溶接，K 形開先の両面溶接による部分溶込み溶接および完全溶込み溶接としている．これは，孔あき鋼板ジベルにせん断力が作用した際に溶接部に偏心による付加曲げモーメントを生じさせないためである．したがって，片面隅肉溶接および片面溶接による部分溶込み溶接は避ける．

（5）　コンクリートかぶり部

コンクリートかぶり部のせい（$_{rc}h$）は，鋼板上部に配置される横鉄筋の最小かぶり厚さを考慮して，50 mm 以上かつ鋼板のせい（$_{ps}h$）の 0.5 倍以上とした．

解図 4.4.4 は，コンクリートかぶり部のせいに関して解表 4.2.3 に示す試験体の最大耐力実験値と本終局耐力評価式による計算値の関係を示したものである．コンクリートかぶり部のせいを 50 mm 未満とした押抜き試験体は存在しないが，50 mm 以上あれば，本指針の終局耐力評価式によ

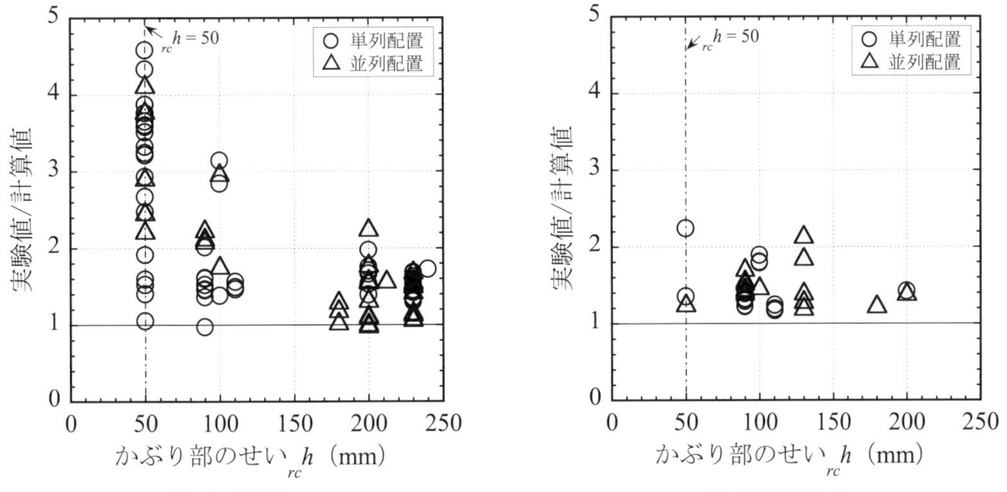

(a) 貫通鉄筋なし　　(b) 貫通鉄筋あり

解図 4.4.4　孔あき鋼板ジベルのコンクリートかぶり部のせいに関する計算値と実験値との関係

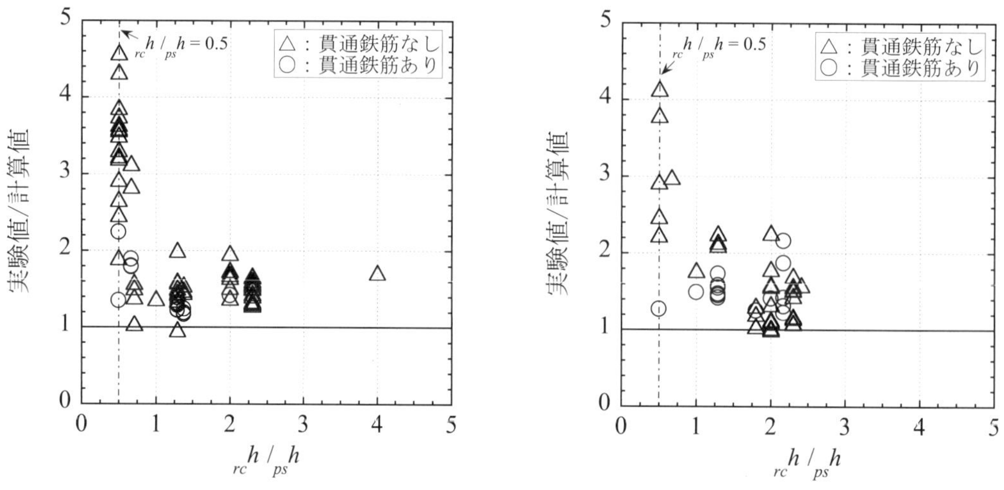

(a) 単列配置　　(b) 並列配置

解図 4.4.5　ジベル鋼板せいに対するコンクリートかぶり部せいに関する計算値と実験値との関係

って実験結果を安全側に評価できることが確認できる．解図 4.4.5 は，横軸に鋼板のせい（$_{ps}h$）に対するコンクリートかぶり部のせい（$_{rc}h$）の比 $_{rc}h/_{ps}h$ を示したものである．$_{rc}h/_{ps}h \geqq 0.5$ の範囲において，検証対象試験体 126 体のうち，実験値 / 計算値＜1.0 となる試験体は貫通鉄筋のない単列配置の 1 体のみである．一方，$_{rc}h/_{ps}h<0.5$ の試験体は皆無であるが，単一孔の RC かぶり形式を対象に検証した結果では，$_{rc}h/_{ps}h<0.5$ に分布する試験体の実験値は計算値を下回ることが確認されている〔解図 4.2.13(a)参照〕ことから，本指針では，コンクリートかぶり部のせいを 50 mm 以上，かつ $_{rc}h/_{ps}h$ を 0.5 倍以上と規定した．

一方，側面かぶり厚さ（鋼板側面からコンクリート側面までの距離）に関しては，孔あき鋼板ジベルのせん断耐力を確保するため，側面かぶり厚さに起因する割裂破壊（コンクリート側面部のひび割れ）を抑制する必要がある．解図 4.2.11 に示したように，側面かぶり厚が孔径程度しかない場合は，早期に耐力低下が生じ，その後の耐力低下が大きいことが報告されている．また，側面かぶり厚さが小さい場合に生じる割裂破壊は，孔部に貫通鉄筋を配置しても防止できない[4.4.9)]．解図 4.4.6 は，コンクリートの側面かぶり厚さに関して解表 4.2.3 に示す試験体の最大耐力実験値と本終局耐力評価式による計算値の関係を示したものであり，黒塗りのプロットはコンクリート側面部の割裂破壊が顕著な試験体〔解図 4.2.11 $_{ps}c/_{ps}d=0.88$ 参照〕である．貫通鉄筋の有無にかかわらず，側面かぶり厚さが 100 mm 程度以上，かつ側面かぶり厚さが孔径の 2 倍以上の範囲において，本終局耐力評価式による計算値は，最大耐力実験値を安全側に評価していることが確認できる．コンクリート側面部の割裂破壊は，孔部の骨材どうしのかみ合わせによってコンクリートが押し広げられる力に誘発されて生じるものと考えられるが，破壊メカニズムの解明までには至っていない．そこで，本指針では，コンクリートの側面かぶり厚さを 100 mm 以上，かつ孔径の 2 倍以上とした．

解表 4.2.3 に示す検証対象とする試験体の多くは，鋼板数や孔数，貫通鉄筋の有無にかかわらず，解図 4.2.18(a)に示すような，H 形鋼の両フランジ面に取り付いた孔あき鋼板ジベルを介して母材

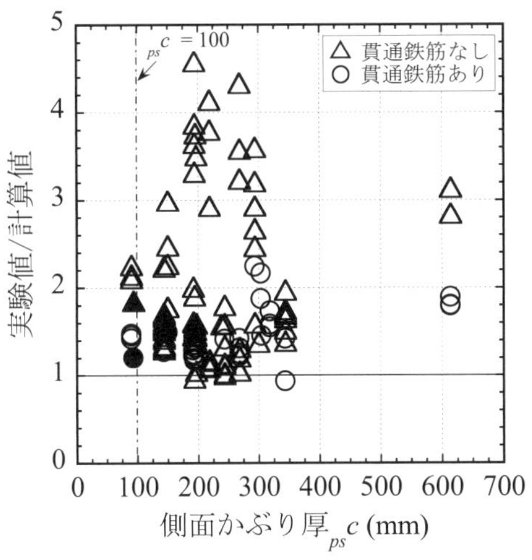

(a) 側面かぶり厚

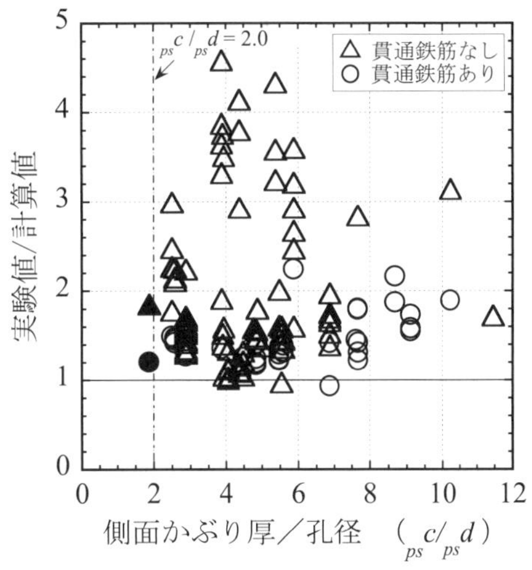

(b) 側面かぶり厚／孔径

解図 4.4.6　孔あき鋼板ジベルのコンクリートの側面かぶり厚さに関する計算値と実験値との関係

とコンクリートブロックが接合される形式Ⅰ（押抜き試験体）が採用されている．この場合，孔あき鋼板ジベルがせん断力を受ける方向に対する鋼板端部の孔の中心からコンクリート端面までの距離（以下，端面かぶり厚さという）は，大きな問題にはならない．これは，本文（8）に示すように，鋼板の端面側に緩衝材等を設けて，鋼板の端面に作用するコンクリートの支圧力が除去されている場合，鋼板の両端部に配置された孔部におけるコンクリートのせん断ひび割れ後の骨材のかみ合わせによって伝達されるせん断力や，孔内のコンクリートと鋼板が接触することによって生じる支圧力に対して，剛強な部材等に接しているコンクリートの端面から十分な反力（抵抗力）を得られるためである．例えば，フランジ上面に孔あき鋼板ジベルが取り付いた鉄骨梁と RC スラブが結合されるような合成梁を考えた場合，梁部材の端部は柱部材によって拘束されるため，押抜き試験体の場合と同様に，端面かぶり厚さが孔あき鋼板ジベルの終局せん断耐力を発揮できない要因にはならないと考えられる．

一方，解図 4.4.7 に示すように，孔あき鋼板ジベルが取り付いた鋼部材が RC 部材に埋め込まれ

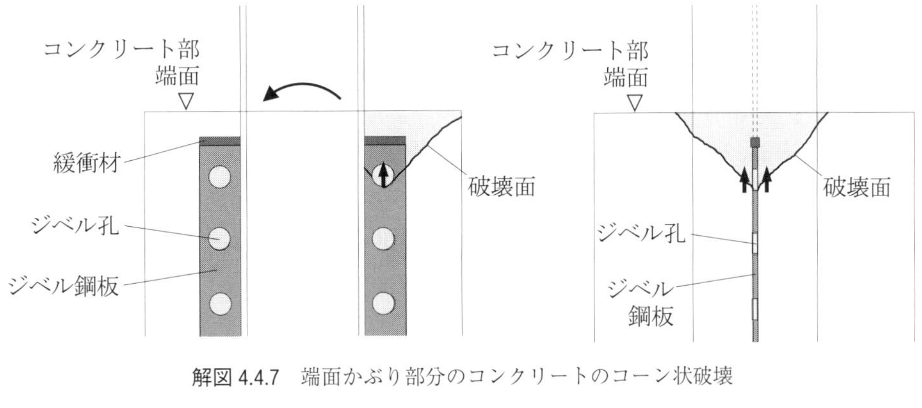

解図 4.4.7　端面かぶり部分のコンクリートのコーン状破壊

るような接合部を考えると，鋼部材に曲げモーメントが作用する場合，曲げ引張側に配置された孔あき鋼板ジベルにおいて，孔部から伝達されるせん断力や支圧力により，端面側のかぶりコンクリートはコーン状破壊に至ることが懸念される．上述のように，孔あき鋼板ジベルのせん断耐力を検証する多くの試験体が押抜き試験体の形式を採用しており，解表 4.2.3 に示す検証対象の試験体において，コーン状破壊が生じたデータは皆無である．

なお，本指針では対象外であるが，孔あき鋼板ジベルを RC 部材に対するアンカーとして活用することが想定された要素試験体を対象として，鋼板に RC 部材に対する引抜き力を作用させ，端面かぶり部分のコンクリートがコーン状破壊に至った試験体のデータを有する実験的研究がこれまでに 1 例報告されている[4.4.11)]．

しかしながら，単一孔および複数孔とも実験データが各 1 体のみであること，および本指針はアンカーとして孔あき鋼板ジベルが用いられる場合は適用外としている．したがって，本指針では，せん断力を受ける方向に対する端面かぶり部分が，他の部材等によって拘束されない箇所に孔あき鋼板ジベルを配置する場合は，特別な研究や適切な実験方法および試験体による実験的検証により，接合部の構造性能を確認することとした．

（6） 貫 通 鉄 筋

建築構造の鋼・コンクリート部材断面は土木構造に比べて小さく，狭小な接合部分に孔あき鋼板ジベルが用いられることも考えられるため，孔内には貫通鉄筋を配置することを原則とした．これは，貫通鉄筋による拘束応力により孔あき鋼板ジベルの終局せん断耐力が増大すること，耐力低下の度合いが小さくなることが理由として挙げられる．狭小部で配筋が収まらない等の理由で貫通鉄筋を配置できない場合は，コンクリートかぶり部の全有効幅 ${}_{h}n\cdot{}_{e}B$〔図 4.2.2 参照〕内に配置される横鉄筋の断面積を増大して，ジベル孔 1 個あたりのコンクリートかぶり部による拘束応力度が本指針で規定する貫通鉄筋の最小呼び名である D10 による拘束応力度に相当する応力度以上になるように設計する．

貫通鉄筋による拘束を発揮させるためには，貫通鉄筋の端部を RC 部材に十分定着させる必要がある．しかしながら，貫通鉄筋の定着の設計法に着目した研究事例が皆無であることから，貫通鉄筋の必要定着長さは，本会「鉄筋コンクリート構造計算規準」[4.4.12)]（以下，RC 規準という）に規定される異形鉄筋による引張鉄筋の必要定着長さ l_{ab} によって検定する．本指針で策定された孔あき鋼板ジベルの終局せん断耐力式では，孔部のせん断ひび割れ発生から終局耐力まで貫通鉄筋は持続的に拘束力を維持していると考え，また，実験結果との対応状況を考慮して，貫通鉄筋による拘束応力度を鉄筋の長期許容引張応力度相当として算定している．したがって，ここでは RC 規準の構造規定の一部を緩和することとし，異形鉄筋による引張鉄筋の必要定着長さによって貫通鉄筋の定着長さを決定した．RC 規準において，孔あき鋼板ジベルに対する貫通鉄筋の定着起点の仕口面を鋼板の側面，必要定着長さの修正係数を「その他の部材」とすれば，貫通鉄筋の径に対する引張鉄筋の必要定着長さの比 $l_{ab}/{}_{pr}d_b$ は，（解 4.4.1）式により算定される．

$$\frac{l_{ab}}{{}_{pr}d_b}=1.25\frac{S\cdot{}_{pr}\sigma_y}{10f_b} \qquad \text{（解 4.4.1）}$$

ここに，

S：必要定着長さの修正係数で，直線定着の場合は 1.0，鉄筋端部に標準フックまたは信頼できる機械式定着具を設ける場合は 0.5

${}_{pr}\sigma_y$：仕口面における貫通鉄筋の応力度で，鉄筋の材料強度の値を用いる

${}_{pr}d_b$：貫通鉄筋に用いた呼び名の数値（mm）

f_b：付着割裂の基準となる強度で，「その他の鉄筋」の値（$=F_c/40+0.9$）を用いる

（解 4.4.1）式より直線定着とする場合の貫通鉄筋の径（${}_{pr}d_b$）に対する引張鉄筋の必要定着長さ（l_{ab}）の比 $l_{ab}/{}_{pr}d_b$ を求めると，解図 4.4.8 を得る．縦軸は $l_{ab}/{}_{pr}d_b$，横軸はコンクリートの設計基準強度 F_c である．（解 4.4.1）式において，本指針で規定される鉄筋の材料強度を用いて，（$0.125S\cdot{}_{pr}\sigma_y$）を算定した結果を図中に示す．なお，鉄筋端部に標準フックまたは信頼できる機械式定着具を設ける場合の必要定着長さは，直線定着の場合の 0.5 倍以上である．表 4.4.1 は，解図 4.4.8 に示す数値を安全側に丸めて得られた貫通鉄筋の必要定着長さを規定したものである．

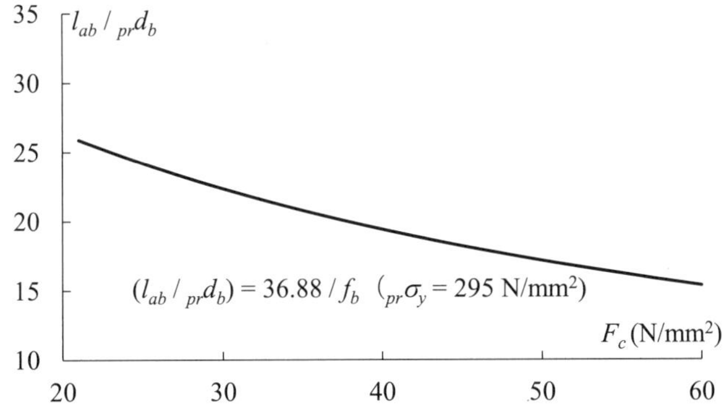

解図 4.4.8　貫通鉄筋の径に対する直線定着とする必要定着長さとコンクリートの設計基準強度の関係

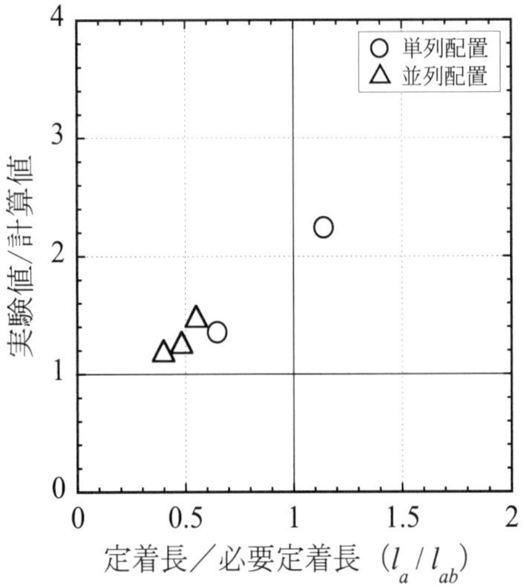

解図 4.4.9　貫通鉄筋の必要定着長さの検討結果

解図 4.4.9 は，解表 4.2.3 を対象として，本指針の構造細則を満足する試験体の貫通鉄筋の必要定着長さに関する検討結果を示したものである．横軸は表 4.4.1 による貫通鉄筋の必要定着長さ（l_{ab}）に対する貫通鉄筋の定着長さ（l_a）の比 l_a/l_{ab} である．対象試験体は，貫通鉄筋の定着長さの設計値が明示されている 5 体である．同図中の○印は単列・単一孔，△印は並列・単一孔を示す〔解図 4.2.19 参照〕．貫通鉄筋の定着長さは必要定着長さの 0.5～1.1 程度であり，5 体とも実験値 / 計算値＞1.0 の範囲に分布している．この結果より，表 4.4.1 によって決定される貫通鉄筋の必要定着長さは，1/2 程度まで低減しても問題ないとも考えられるが，検証の対象とした試験体数が十分ではないことから，表 4.4.1 に従うこととした．

（7） ジベル鋼板の長さ

本指針では，解表 4.2.3 に示す検討対象とした試験体について，その多くの鋼板のせいが孔径の 2 倍で設定されていたことから，鋼板の面積ではなく，孔径（${}_{ps}d$）と孔数（${}_{h}n$）の積 ${}_{h}n\cdot{}_{ps}d$ に対するせん断力が作用する方向の鋼板の長さ（${}_{ps}l$）の比（以下，孔径・鋼板長比という）を規定することとした．解図 4.4.10 は，孔径・鋼板長比 ${}_{ps}l/({}_{h}n\cdot{}_{ps}d)$ に関して解表 4.2.3 に示す試験体の最大耐力実験値と本終局耐力評価式による計算値の関係を示したものである．貫通鉄筋の有無にかかわらず，孔径・鋼板長比 ${}_{ps}l/({}_{h}n\cdot{}_{ps}d)$ は約 1.3～11 であり，プロットは全体にわたって実験値 / 計算値＞1.0 の範囲に分布している．しかしながら，孔径・鋼板長比が 6.0 を上回る試験体の数が少ないことから，本指針では貫通鉄筋の有無にかかわらず，孔径・鋼板長比を 6.0 以下とした．

（8） ジベル鋼板端部の処理

孔あき鋼板ジベルの鋼板両端部は，コンクリートとの接触による割裂ひび割れが懸念されるので，図 4.4.1 のように，発泡スチロール等による緩衝材（以下，空隙という）を設ける必要がある．孔あき鋼板ジベルの終局せん断耐力を発揮する際のずれ変位を考慮して，せん断力を受ける方向に対する鋼板端部の空隙の長さは 10 mm 以上とする．また，空隙の幅（せん断力を受ける直交方向

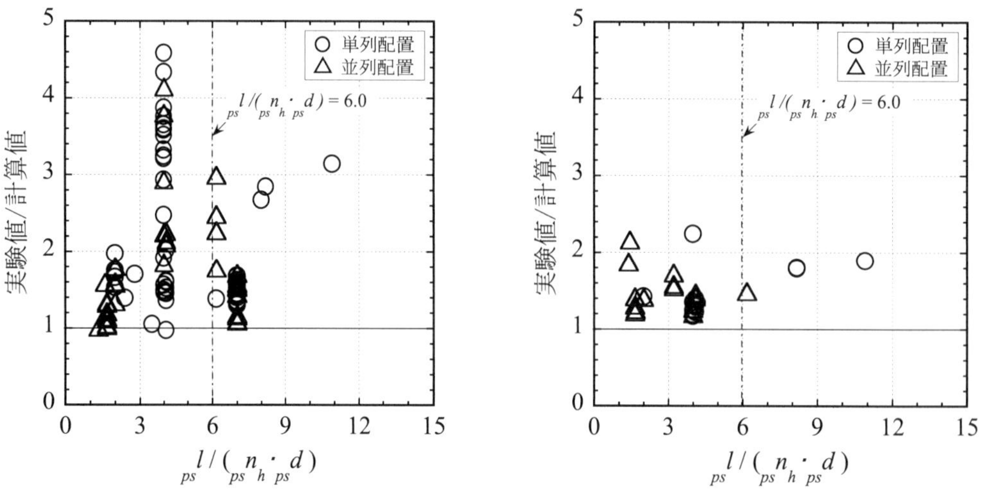

(a) 貫通鉄筋なし (b) 貫通鉄筋あり

解図 4.4.10 孔あき鋼板ジベルの鋼板長さと孔径の割合に関する計算値と実験値との関係

の長さ）は，施工性を考慮して，鋼板の厚さの +0～5 mm 程度とする．

（９）　その他

本指針では，押抜き試験に基づいた孔あき鋼板ジベルの終局せん断耐力式を示していることから，特別な調査研究に基づき計算される場合は，上記（１）～（８）の構造細則を適用しなくてもよい．

また，本会「鋼コンクリート構造接合部の応力伝達と抵抗機構」[4.4.13)] には，鋼とコンクリート間の応力伝達に必要な配筋の考え方が示されている．よって，特別な調査研究や実験等により耐力に有効な補強が施されていると判断された場合は，本指針の構造細則を緩和することができるものとする．

【参 考 文 献】

4.4.1)　鉄道総合研究所：鉄道構造物等設計標準・同解説－鋼・合成構造物，2015

4.4.2)　田中照久，堺純一，梅崎正吉：高強度鋼材 H-SA700A を用いた合成梁の曲げ性状に関する実験的研究　孔あき鋼板ジベルのずれ止め効果，構造工学論文集，Vol.57B，pp.517-526，2011.3

4.4.3)　梅崎正吉，田中照久，堺純一：鋼・コンクリート合成梁に用いる孔あき鋼板ジベルのせん断耐力に関する実験的研究，コンクリート工学年次論文報告集，Vol.33，No.2，pp.1195-1200，2011.6

4.4.4)　土木学会：2014 年度制定　複合構造標準示方書［原則編・設計編］，2015

4.4.5)　日本建築学会：鉄骨鉄筋コンクリート構造計算規準・同解説　—許容応力度設計と保有水平耐力—，2014

4.4.6)　保坂鐵矢，光木香，平城弘一，牛島祥貴，橘吉宏，渡辺滉：孔あき鋼板ジベルのせん断特性に関する実験的研究，構造工学論文集，Vol.46A，pp.1593-1604，2000.3

4.4.7)　日向優裕，藤井堅，深田和宏，道管裕一：並列配置された孔あき鋼板ジベルの終局ずれ挙動，構造工学論文集，Vol.53A，pp.1089-1098，2007.3

4.4.8)　古内仁，上田多門，鈴木統，田口秀彦：孔あき鋼板ジベルのせん断伝達耐力に関する一考察，第 6 回複合構造の活用に関するシンポジウム講演論文集，pp.26-1-26-8，2005.11

4.4.9)　田中照久，山下慎太郎，堺純一：並列配置したバーリングシアコネクタおよび孔あき鋼板ジベルの押抜き試験，第 12 回複合・合成構造の活用に関するシンポジウム講演集，pp.57-1-57-8，2017.11

4.4.10) 井土祥太，田中照久，堺純一：コンクリート強度が各種ずれ止めの力学的特性に及ぼす影響，鋼構造年次論文報告集，Vol.53，pp.43-50，2018.11

4.4.11) 味岡史晃，斎藤啓一，青山尚樹，西村泰志：孔あき鋼板ジベルの引張破壊性状（その 6），日本建築学会大会学術講演梗概集，構造Ⅲ，pp.1301-1302，2011.8

4.4.12) 日本建築学会：鉄筋コンクリート構造計算規準・同解説，2018

4.4.13) 日本建築学会：鋼コンクリート構造接合部の応力伝達と抵抗機構，2011

付　　　録

付録1　機械的ずれ止めの計算例

付 1.1　頭付きスタッドの計算例

鋼とコンクリートの機械的ずれ止めとして頭付きスタッドを使用した計算例を示す．ここでは，低降伏点鋼を用いた間柱型ダンパーと，耐震補強として枠付き鉄骨ブレースを RC 造の躯体に設けた時の接合部の設計を示す．

計算例 1　低降伏点鋼を用いた間柱型ダンパー

（1）　計算対象

鉄筋コンクリート（RC）造のラーメン架構の中に設ける間柱型の履歴ダンパーの鉄骨とコンクリート間の接合部を設計する．付図 1.1.1 に間柱型履歴ダンパーの形状図を示す．履歴ダンパーには低降伏点鋼を用い，主に低降伏点鋼のせん断変形により地震エネルギーを吸収するものとする．鉄骨は上下の RC 部に埋め込まれ，フランジには，ずれ止めとして頭付きスタッドが設けられている[付1.1.1]．

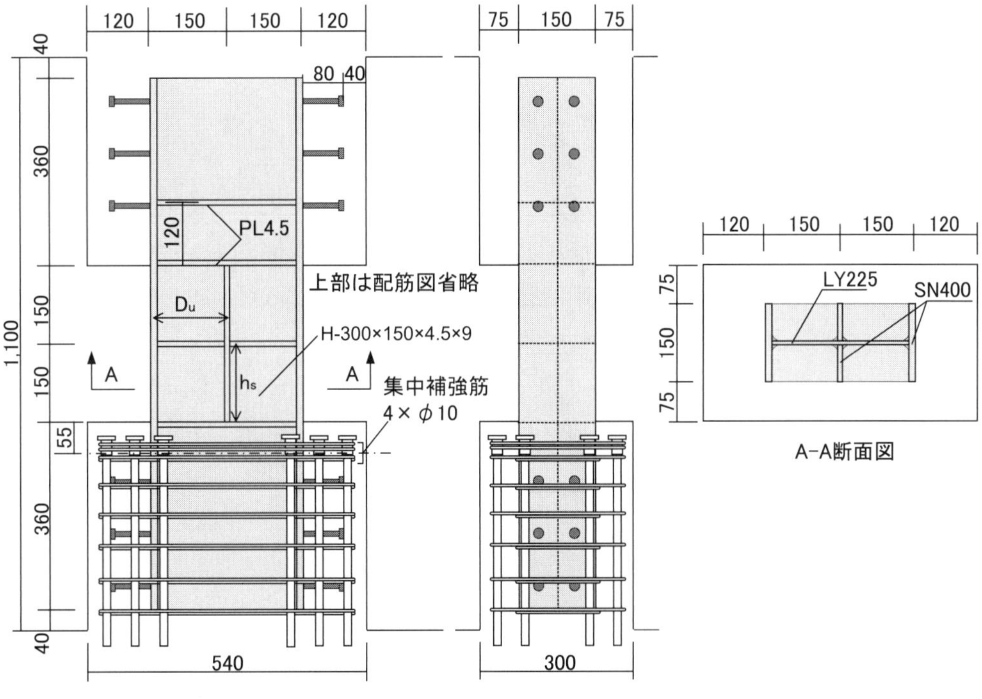

付図 1.1.1　間柱型履歴ダンパーの形状図

（2） 設計方針

ダンパーが最大耐力に達したときに，頭付きスタッドを用いた接合部には過大なずれ変形や損傷が生じないようにするため，接合部に生じるせん断力が短期許容耐力以下となるように設計する．コンクリートの打設が頭付きスタッドの側面からとなるため，ブリージングの影響が出ないように高流動コンクリートを使用する．ここで，頭付きスタッドには大きな塑性変形が生じないこと，およびダンパーに作用する繰返し回数は，地震による揺れのサイクル程度であることを考慮すれば，疲労強度に影響を与えるような多数回繰返し荷重ではないと判断される．なお，RC 造根巻き部に生じるせん断力に対する設計は，ここでは省略する．

（3） 設計条件

・鉄骨部分

ダンパーである中央の鉄骨は H-300×150×4.5×9 とし，ダンパー部の高さは 300 mm である．300×300 mm のウェブの中央には，縦横の十字形に補強リブを設けている．鉄骨の材料は，以下のとおりとする．

フランジ：SN400 材　基準強度 F=235 N/mm^2

ウェブ　：LY225 材　基準強度 F=205 N/mm^2　引張強さ　320 N/mm^2

・RC 根巻き部

外形の寸法は幅 300× せい 540× 高さ 400 mm とし，使用材料は以下のとおりとする．

主筋　　　：16-D16　SD345，基準強度　345 N/mm^2　先端部に定着金物を設置

せん断補強筋：高強度せん断補強筋，4-ϕ6.2@40　材料強度　785 N/mm^2

鉄骨の埋込み始端側に集中補強筋 4-ϕ10　材料強度　785 N/mm^2 を配する．

コンクリート設計基準強度 F_c=40 N/mm^2

（4） ダンパーの耐力

ダンパーとして期待する耐力は鉄骨ウェブの降伏耐力とするが，ここでは鉄骨が埋め込まれた接合部のずれ止めに作用する設計用せん断力を算出するために，文献付 1.1.1）を参考としてダンパーの上限耐力を算定する．ダンパーの上限耐力は付図 1.1.2 に示すように，ひずみ硬化を考慮したウェブのせん断耐力と枠フランジの面外方向の曲げ耐力の和とする．

ひずみ硬化を考慮した終局時せん断応力度 τ_u のせん断降伏応力度 τ_y に対する倍率は，

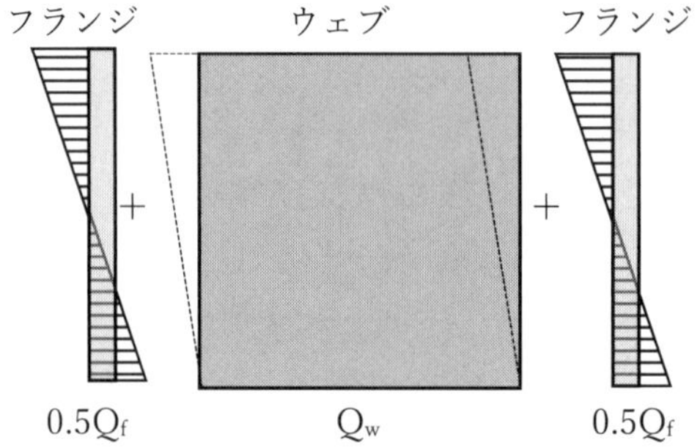

付図 1.1.2　枠フランジとウェブの耐力の累加

$$\tau_u/\tau_y = 1.55\{(D_u/t_w)\cdot\sqrt{({}_w\sigma_y/{}_sE)}\cdot({}_w\sigma_y/{}_w\sigma_u)\}^{-0.67}$$

$$= 1.55\times\{(150/4.5)\times\sqrt{(205/2.05\times10^5)}\times(205/320)\}^{-0.67} = 2.016$$

ここで，τ_u：終局時せん断応力度，τ_y：せん断降伏応力度，D_u：ウェブの補剛リブで区切られた最小幅，t_w：ウェブの厚さ，${}_w\sigma_y$：ウェブの材料強度で F とする，${}_sE$：鉄骨のヤング係数，${}_w\sigma_u$：ウェブの引張強さ．

接合部設計用のダンパーの上限耐力は $Q_d = Q_w + Q_f$

ウェブのせん断耐力 Q_w は

$$Q_w = A_w\cdot\tau_u = t_w\cdot({}_sD - 2\cdot t_f)\cdot\tau_u$$

$$= 4.5\times(300-2\times9)\times2.016\times205/\sqrt{3} = 302.8\ \mathrm{kN}$$

枠フランジの曲げ耐力 Q_f は，フランジが逆対称曲げモーメントを受け，全塑性の時のせん断力とする．

$$Q_f = 4\cdot{}_fZ_p\cdot{}_f\sigma_y/{}_hd = 4\cdot(b_f\times t_f^{\,2}/4)\cdot{}_f\sigma_y/{}_hd$$

$$= 4\times(150\times9^2/4)\times235\times1.1/300 = 10469\ \mathrm{N} = 10.5\ \mathrm{kN}$$

$$Q_d = Q_w + Q_f = 302.8\ \mathrm{kN} + 10.5\ \mathrm{kN} = 313.3\ \mathrm{kN}$$

ここで，Q_d：接合部設計用のダンパーの上限耐力，Q_w：ウェブのせん断耐力，Q_f：枠フランジの曲げ耐力，A_w：ウェブの断面積，${}_sD$：鉄骨せい，t_f：フランジ厚，${}_fZ_p$：フランジ1枚の塑性断面係数，${}_f\sigma_y$：フランジの材料強度で 1.1F とする，${}_hd$：ダンパー部の高さ，b_f：フランジ幅

（5）　集中補強筋の設計と支圧力の確認

付図 1.1.3 に鉄骨と RC 部の間の応力伝達機構を示す．RC 部を含む部材全体には逆対称の曲げモーメントが生じているとする．ここで，鉄骨の埋込み始端側では，集中補強筋の引張力によって鉄骨のせん断力が RC 部に伝達されると考える．

中央鉄骨のせん断力はダンパーの上限耐力とすると，上記の $Q_d = 313.3$ kN となる．集中補強筋には 4-ϕ10（材料強度 785 N/mm^2），公称断面積 71.3 mm^2 を使用しているので，集中補強筋で伝達可能なせん断力 Q_r は

$$Q_r = n_{r1}\cdot n_{r2}\cdot a_r\cdot{}_r\sigma_y = 4\times2\times71.3\times785 = 447.8\ \mathrm{kN} > Q_d \quad \rightarrow \mathrm{OK}$$

ここで，n_{r1}：集中補強筋の組数，n_{r2}：1組の集中補強筋の本数，a_r：集中補強筋の断面積（mm^2），${}_r\sigma_y$・集中補強筋の材料強度（N/mm^2）．

集中補強筋の反力は，コンクリートを介して鉄骨フランジに支圧力として作用する．支圧力を受ける範囲は文献付 1.1.2）を参考に埋込み長さ L_s の 1/3 とする．つまり，支圧力を受ける範囲はフランジ幅 $b_f\times L_s/3$ となり，支圧耐力 P_{br} は

$$P_{br} = b_f\times L_s/3\times F_c = 150\times360/3\times40 = 720\ \mathrm{kN} > Q_d \quad \rightarrow \mathrm{OK}$$

また，鉄骨フランジに作用した支圧力は，ウェブとスチフナで抵抗する．付図 1.1.1 に示すように，スチフナは鉄骨の埋込み始端位置と埋込み長さの 1/3 の位置に設けており，その厚さはウェブと同じ 4.5 mm とする．

支圧力を受ける範囲が埋込み始端から 120 mm であるから，その区間のウェブの面積は 120×4.5＝540 mm^2，スチフナ2枚の面積は（150−4.5）×4.5×2＝1309 mm^2 である．よって，ウェ

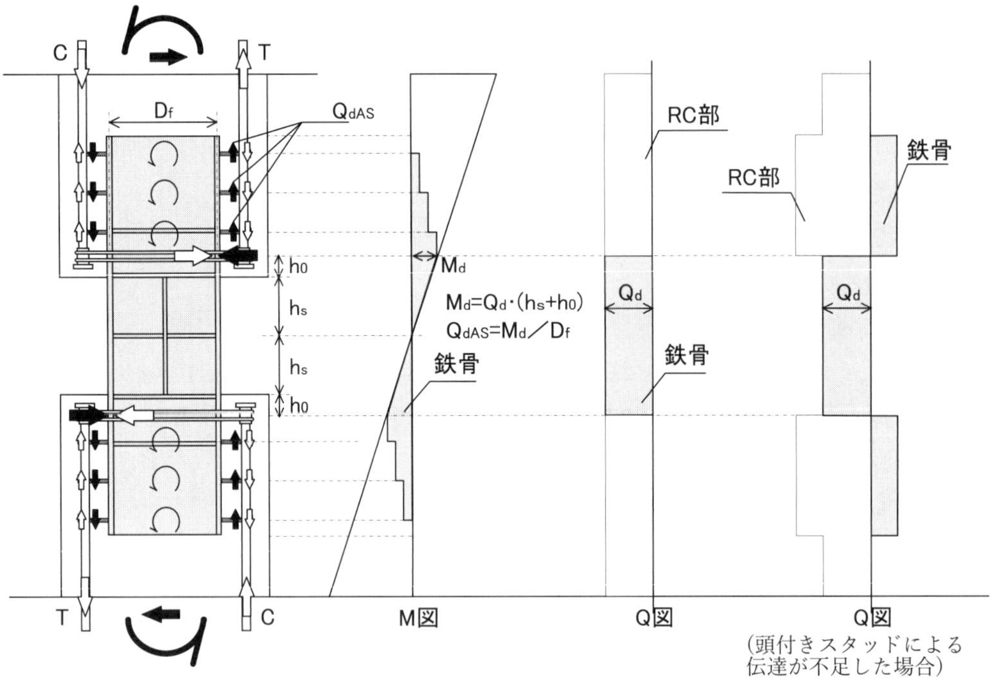

付図 1.1.3　鉄骨と RC 部間の応力伝達機構と応力図

ブとスチフナが負担できる力 P_w は

$$P_w = (540 + 1309) \times 235 = 434.5\ \mathrm{kN} > Q_d \quad \rightarrow \mathrm{OK}$$

（6）　頭付きスタッドの設計

鉄骨から RC 部への曲げモーメントの伝達は，フランジ面に設けた頭付きスタッドによって RC 部の主筋と重ね継手のような応力伝達を行い，両フランジの頭付きスタッドに作用する力による偶力モーメントによって，鉄骨に生じている曲げモーメントが埋込み終端に向けて減少していくと考える．それをモーメント図で表すと，付図 1.1.3(b)に示すような階段状となる．この時，集中補強筋が配されている位置で鉄骨のせん断力が RC 部に伝達されるため，せん断力図は同図(c)で表される．つまり，この位置で鉄骨の曲げモーメントが最大になると考える．ここで，片方のフランジに作用する軸方向の力 Q_{dAS} を接合部に作用する設計用せん断力とする．

この位置の埋込み始端からの距離を h_0 とすると，鉄骨に生じる最大曲げモーメント M_d は，

$$M_d = Q_d \cdot (h_s + h_0)$$

$$= 313.3 \times 10^3 \times (150 + 55) = 64226500\ \mathrm{N \cdot mm}$$

よって，フランジに作用する軸方向の力 Q_{dAS} は，

$$Q_{dAS} = M_d / D_f$$

$$= 64226500 / (300 - 9) = 220710\ \mathrm{N}$$

ここで，Q_{dAS}：片方のフランジに作用する軸方向力，h_s：せん断パネルの中央から RC 根巻き部

始端までの距離，h_0：RC 根巻き部始端から集中補強筋の中心までの距離，D_f：フランジ中心間距離．

ここで，フランジには呼び名 13，${}_{hs}L=80$ mm の頭付きスタッドを設ける．${}_{hs}L/{}_{hs}d=80/13=6.15$ となる．13ϕ の頭付きスタッドの断面積は，${}_{hs}a=132$ mm^2 である．

$F_c=40$ N/mm^2 であるから，コンクリートのヤング係数は 2.2 節より，

$$ {}_cE=33500\cdot({}_c\gamma/24)^2\cdot(F_c/60)^{1/3}=33500\times(23.5/24)^2\times(40/60)^{1/3}=28058\ \mathrm{N/mm^2} $$

頭付きスタッド 1 本あたりの終局せん断耐力は，(3.2.2)式より

$$ {}_{hs}q_u=2.75\cdot{}_{hs}a\cdot({}_cE\cdot F_c)^{0.3}\cdot\sqrt{({}_{hs}L/{}_{hs}d)} $$

$$ =2.75\times132\times(28058\times40)^{0.3}\times\sqrt{6.15}=58800\ \mathrm{N} $$

(3.3.4)式より，短期許容耐力は終局せん断耐力計算値の 2/3 であるから，1 本あたりの耐力は 58800×2/3＝39200 N

(3.3.3)式より，${}_{hs}n\cdot{}_{hs}q_{AS}\geqq Q_{dAS}$ であることと，2 列に配列することを考慮すると ${}_{hs}n=6$ 本とする．

39200×6＝235200 N＞220710 N　→ OK

よって，RC 根巻き部の埋込み深さ 360 mm の H 形鋼に対して，付図 1.1.4 に示すように，100 mm ピッチで 2-ϕ13　${}_{hs}L=80$ mm の頭付きスタッドを溶接する．

なお，本計算例では，頭付きスタッドが確実に材軸方向の鉄骨の偶力モーメントを RC 部に伝達するように計算している．頭付きスタッドによる応力伝達が不完全な場合は，付図 1.1.3(d)に示すように，埋め込まれている鉄骨に逆方向のせん断力が生じ，RC 部にはより大きなせん断力が作用することになることに留意し，各部を設計する必要がある．

（7）　構造細則の確認

「3.4 節　構造細則」の確認を行う．

・頭付きスタッドのピッチ　100 mm＞軸径 13 mm×7.5＝97.5 mm　→ OK

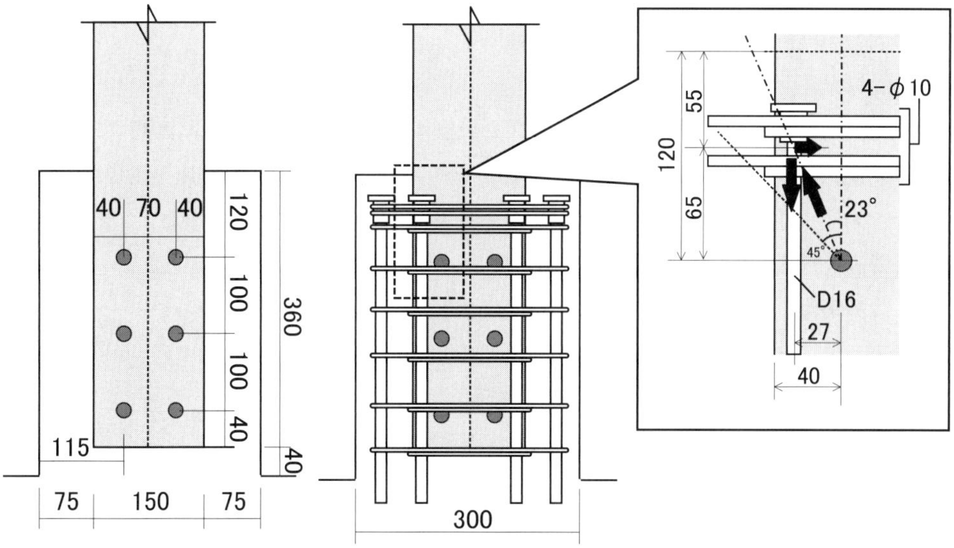

付図 1.1.4　頭付きスタッドの配置と根巻き部の配筋

・頭付きスタッドのゲージ　70 mm＞軸径 13 mm×5＝65 mm　→ OK
・フランジ縁辺から頭付きスタッドまでの距離 40 mm　→ OK
・コンクリート縁辺からのへりあき　75＋40＝115 mm＞max（100 mm，軸径 13 mm×6＝78 mm）→ OK
・頭付きスタッドの最も小さいかぶり厚（付図 1.1.1）　40 mm＞30 mm　→ OK
・頭付きスタッドの軸径 13 mm＜母材板厚 9 mm×2.5＝22.5 mm　→ OK
・はしあきの判定　${}_{hs}L/{}_{hs}d$＝80/13＝6.15 であるので，表 3.4.1 より，必要なはしあき寸法の最小値は，$12{}_{hs}d$＝12×13＝156 mm となる．はしあき寸法は 120 mm なので，無筋の場合は NG となる．

ここで，付図 1.1.4 に示すように，はしあき方向の最外縁の頭付きスタッドから 45 度方向の範囲に定着金物付きの D16 SD345 が 1 本とそれと直交する高強度の集中補強筋 4-ϕ10 が存在する．

頭付きスタッド 1 本の負担せん断力が 39200 N であるので，それが付図 1.1.4 に示すように主筋方向と集中補強筋方向の力に釣り合うと考える．

まず，主筋方向は D16 の断面積が 199 mm^{2}であるので，主筋に生じる応力度は，

$$39200\ \mathrm{N}/199\ \mathrm{mm}^2=197\ \mathrm{N/mm}^2$$　→長期許容応力度程度なので OK.

付図 1.1.4 に示すように，最外縁の頭付きスタッドから主筋と集中補強筋の交点方向の角度は 23 度であるから，せん断補強筋に生じる水平方向の分力は，

$$39200\ \mathrm{N}\times\tan 23^\circ=16639\ \mathrm{N}$$

となる．4×10ϕの断面積は 4×71.3＝285.2 mm^2 であるので，集中補強筋に生じる応力度は

$$16639\ \mathrm{N}/285.2\ \mathrm{mm}^2=58.3\ \mathrm{N/mm}^2$$　→長期許容応力度以下なので OK.

よって，応力伝達に必要な配筋が施されており，文献付 1.1.1）の実験でも性能が確認されているため，はしあき長さを 120 mm にできるとする．

計算例 2　枠付き鉄骨ブレースによる耐震補強

（1）　計算方針

RC ラーメン架構の中に鉄骨枠付きブレースを設置する．あと打ち部には高流動コンクリートを使用する．強度・靭性抵抗型の補強とし，鉄骨ブレースの引張降伏，圧縮座屈を先行させ，その時の頭付きスタッドによる接合部は終局耐力レベルとする．粘り強さの指標 F 値は，2 を目標とする．

なお，周辺 RC 柱，RC 梁の耐力算定は省略する．

（2）　設計条件

既存躯体：スパン長さ l＝7500 mm，階高 h＝3900 mm

RC 梁断面：${}_{B}b\times{}_{B}D$＝400×700 mm，RC 柱断面：${}_{C}b\times{}_{C}D$＝800×800 mm

RC 躯体と枠付きブレース接合部の間隔は，全周 50 mm とする．

既存躯体のコンクリート設計基準強度　21 N/mm^2

補強鉄骨は外枠に SN400B（F＝235 N/mm^2），H-300×300×10×15 を使用する．鉄骨枠は構面に対して弱軸方向に使用する．ブレース材は SN400B（F＝235 N/mm^2），H-300×300×10×15 を

使用する．構面外方向を強軸とし，中央に座屈止めを設ける．

（3）　鉄骨ブレースの耐力

・ブレースの材料強度は 1.1F とする．

・ブレース材の断面　断面二次半径 i_x=131 mm，i_y=75.5 mm　断面積 A=11850 mm^2

強軸方向ブレースの座屈長さはブレースの内法長さとなるので

$l_x=\sqrt{(2800-300)^2+(6300/2-150)^2}=3905$ mm，弱軸方向 $l_y=3905/2=1953$ mm

・細長比　$\lambda_x=l_x/i_x=3905/131=29.8$，$\lambda_y=l_y/i_y=1953/75.5=25.9$

・限界細長比　$\Lambda=\sqrt{(\pi^2\cdot{}_sE)/(0.6\times1.1\times F)}=\sqrt{((3.14^2\times2.05\times10^5)/(0.6\times1.1\times235))}=114.2>29.8$

・限界圧縮応力度　$\sigma_{cr}=\{1-0.4(\lambda/\Lambda)^2\}\cdot1.1\times\mathrm{F}=\{1-0.4\times(29.8/114.2)^2\}\times235$

$=229$ N/mm^2

・圧縮ブレースの耐力　$N_c=\sigma_{cr}\cdot A=229\times11850=2714$ kN，

引張ブレースの耐力　$N_t=1.1\times F\cdot A=1.1\times235\times11850=3063$ kN

よって，ブレースの水平耐力 ${}_sQ_U=(2714+3063)\times\cos39.8°=4438$ kN

ここで，l_x，l_y：強軸，弱軸の座屈長さ，i_x，i_y：強軸，弱軸の断面二次半径，λ_x，λ_y：強軸，弱軸の細長比，Λ：限界細長比，σ_{cr}：限界圧縮応力度，N_c，N_t：圧縮，引張ブレースの耐力

（4）　頭付きスタッドの設計

頭付きスタッドでブレースの水平方向のせん断力を負担させる．

頭付きスタッドは ${}_{hs}L=150$ mm，${}_{hs}d=19$ mm を使用する．${}_{hs}L/{}_{hs}d=7.89$

呼び名 19 の頭付きスタッドの断面積 ${}_{hs}a=283$ mm^2

あと打ち部のコンクリートは，$F_c=36$ N/mm^2 の高流動コンクリートを使用する．ここで，計算用のコンクリート圧縮強度は既存躯体の設計基準強度 $F_c=21$ N/mm^2 を使用する．

$${}_cE=33500\cdot({}_c\gamma/24)^2\cdot(F_c/60)^{1/3}=33500\times(23/24)^2\times(21/60)^{1/3}=21682\ \mathrm{N/mm^2}$$

・頭付きスタッド 1 本あたりの終局せん断耐力は，(3.2.2)式から算出する．

$${}_{hs}q_u=2.75\cdot{}_{hs}a\cdot({}_cE\cdot F_c)^{0.3}\cdot\sqrt{({}_{hs}L/{}_{hs}d)}$$

$$=2.75\times283\times(21682\times21)^{0.3}\times\sqrt{7.89}=108931\ \mathrm{N}$$

ここで，${}_cE$：コンクリートのヤング係数，${}_c\gamma$：コンクリートの単位容積重量，${}_{hs}q_u$：頭付きスタッド 1 本あたりの終局せん断耐力，${}_{hs}L$：頭付きスタッドの呼び長さ，${}_{hs}d$：頭付きスタッドの軸径

ブレースの水平耐力 ${}_sQ_U$ を頭付きスタッドのみで RC 梁に伝達する．つまり，接合部の設計用せん断力 Q_{dU} はブレースの水平耐力 ${}_sQ_U$ とする．また，ブレース材の耐力上昇を考慮した接合部係数 ${}_{js}\gamma$ を 1.3 とする．

・頭付きスタッドの必要本数は，(3.2.1)式に接合部係数を考慮した式より算出する．

$${}_{hs}n={}_{js}\gamma\cdot Q_{dU}/({}_{hs}q_u\cdot{}_{hs}\phi)=1.3\times4438/(108931/1000\times0.85)=62.3\ \rightarrow 64\ 本$$

ここで，${}_{hs}n$：頭付きスタッドの必要本数，${}_{js}\gamma$：ブレース材の耐力上昇を考慮した接合部係数，Q_{dU}：接合部の設計用せん断力，${}_{hs}\phi$：耐力低減係数で 0.85 とする．

・頭付きスタッドの間隔

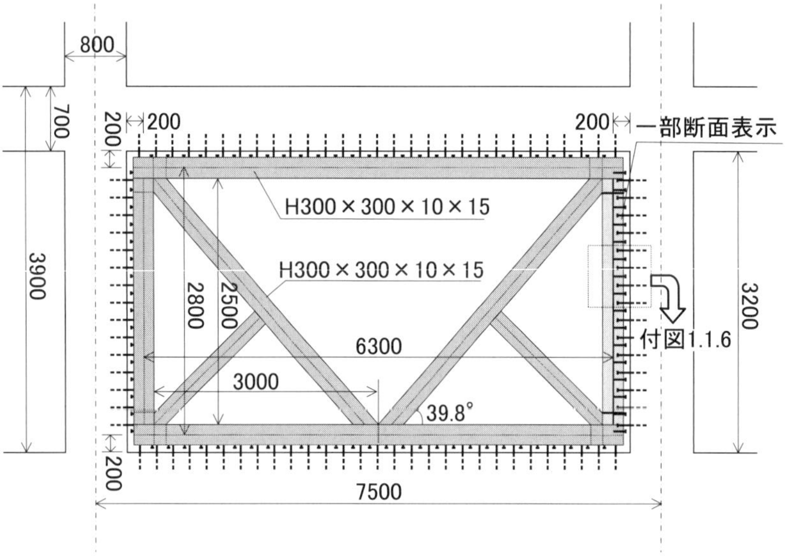

付図 1.1.5　枠付き鉄骨ブレースの形状図

枠付きブレースの幅　7500−800−50×2＝6600 mm

6600/(64/2＋1)＝200 →@ 200 とし，32 列の 2−ϕ19@200 とする．

この時，頭付きスタッドで決まる耐力は，$32\times2\times{}_{hs}q_u\cdot{}_{hs}\phi=64\times108.9\times0.85=5924$ kN

これは，接合部の設計用せん断力 Q_{dU} の 4438 kN の 1.33 倍である．

（6）　あと施工アンカーの耐力

接着系アンカー D19 シングル@ 100 とする．

D19 の断面積　$a_t=287$ mm^2

「鉄筋コンクリート耐震改修設計指針」[付1.1.3] より，

$$Q_{a2}=0.4\sqrt{({}_cEF_c)}\cdot a_t=0.4\times\sqrt{(21682\times21)}\times287=77464\text{ N}$$

既存梁の内法長さ　7500−800＝6700 mm

アンカーの本数　6700/100＝67 本

アンカーによる水平方向耐力　67×77464＝5190 kN

これは，接合部の設計用せん断力 Q_{dU} の 4438 kN の 1.17 倍である．

（7）　靭性指標

接合部の余裕率は 1.1 以上であるので，靭性指標は $F=2.0$ とする．

（8）　構造細則の確認

「3.4 節　構造細則」の確認を行う．ただし，頭付きスタッドの設計以外は，鉄筋コンクリート耐震改修設計指針[付1.1.3] の構造細則による．〔付図 1.1.6 を参照〕

・頭付きスタッドのピッチ　200 mm＞ 軸径　19 mm×7.5＝142.5 mm　→ OK

・頭付きスタッドのゲージ 100 mm＞ 軸径　19 mm×5＝95 mm　→ OK

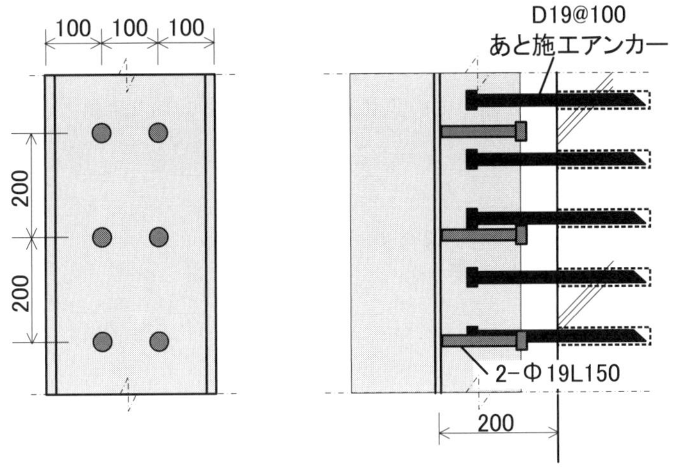

付図 1.1.6　接合部詳細

・フランジ縁辺から頭付きスタッドまでの距離（フランジに囲まれているウェブ内）100 mm → OK

・コンクリート縁辺からのへりあき　100 mm＞max(100 mm，軸径 19 mm×6＝114 mm) → NG.

文献付 1.1.3) によると，鉄骨とコンクリートの接合部には補強筋比 0.4 %以上のスパイラル筋を配筋することで割裂破壊を防止できるとしている．そこで，スパイラル筋は 6ϕ を使用し，そのピッチ x は，頭付きスタッドのピッチの 1/3（＝60 mm）とする．

スパイラル筋 6ϕ の断面積　$a_s=3\times3\times3.14=28.2\ \mathrm{mm}^2$

補強筋比　$p_s=a_s/(h'\cdot x)=2\times28.2/(200\times60)=0.47\%>0.4\ \%$　→ OK

・最も小さい頭付きスタッドのかぶり厚は，へりあき方向である．解表 2.1.2 より ϕ19 の頭部直径は 32 mm であるので，かぶり厚さは 100−32/2＝84 mm＞30 mm　→ OK

・頭付きスタッドの軸径　19 mm＜母材板厚　15 mm×2.5＝37.5 mm　→ OK

・はしあき方向は既存の梁と柱が存在するので，検討不要.

【参 考 文 献】

付 1.1.1)　松浦恒久，稲井栄一，藤本利昭：RC 造建築物に用いる簡易型接合形式による間柱型履歴ダンパーの構造性能に関する研究，日本建築学会構造系論文集，Vol.74，No.644，pp.1821-1829，2009.10

付 1.1.2)　日本建築学会：鋼コンクリート構造接合部の応力伝達と抵抗機構，2011

付 1.1.3)　日本建築防災協会：既存鉄筋コンクリート造建築物の耐震診断基準・改修設計指針同解説，2017

付 1.2　孔あき鋼板ジベルの計算例

鋼とコンクリートの機械的ずれ止めとして，孔あき鋼板ジベルを使用した計算例を示す．ここでは，孔あき鋼板ジベルの終局せん断耐力の設計，および長期・短期許容耐力の算定に関する計算例を示す．

計算例 1　RC 部材の幅が十分に大きい場合

（1）　計算対象

付図 1.2.1 に示すように，RC 部材の幅が十分に大きい場合の孔あき鋼板ジベルの終局せん断耐力を算定する．

（2）　使用材料

ジベル鋼板　：PL9，材料強度 $F_y=235\ \mathrm{N/mm^2}$

コンクリート：設計基準強度 $F_c=24\ \mathrm{N/mm^2}$

横鉄筋　　　：1-D13@100，1 本あたりの断面積 ${}_ra_0=126.7\ \mathrm{mm^2}$

貫通鉄筋　　：1-D13，材料強度 ${}_{pr}\sigma_y=295\ \mathrm{N/mm^2}$

（3）　孔あき鋼板ジベルの形状寸法

ジベル鋼板の並列配置数 ${}_pn=2$ 枚，ジベル鋼板の並列間隔 ${}_{ps}s=150\ \mathrm{mm}$，ジベル孔の直径 ${}_{ps}d=40\ \mathrm{mm}$，ジベル鋼板 1 枚あたりのジベル孔数 ${}_hn=3$ 個，隣り合うジベル孔の中心間距離 ${}_{ps}p=75\ \mathrm{mm}$，ジベル鋼板の長さ ${}_{ps}l=250\ \mathrm{mm}$，ジベル鋼板のせい ${}_{ps}h=80\ \mathrm{mm}$，ジベル鋼板の厚さ ${}_{ps}t=9\ \mathrm{mm}$

（4）　構造細則の確認

i）ジベル孔の直径 ${}_{ps}d$

貫通鉄筋の呼び名に用いた数値 13 mm，粗骨材の最大寸法を 20 mm とすると，

$${}_{ps}d=40\ \mathrm{mm}>(13+20)=33\ \mathrm{mm}\quad\rightarrow \mathrm{OK}$$

ii）ジベル鋼板の厚さ ${}_{ps}t$

$${}_{ps}t=9\ \mathrm{mm}>\max\{9,\ 0.18\ {}_{ps}d\}=9\ \mathrm{mm}\quad\rightarrow \mathrm{OK}$$

iii）ジベル鋼板の並列間隔 ${}_{ps}s$

$${}_{ps}s=150\ \mathrm{mm}>\max\{1.5\ {}_{ps}h,\ 3.0\ {}_{ps}d\}=120\ \mathrm{mm}\quad\rightarrow \mathrm{OK}$$

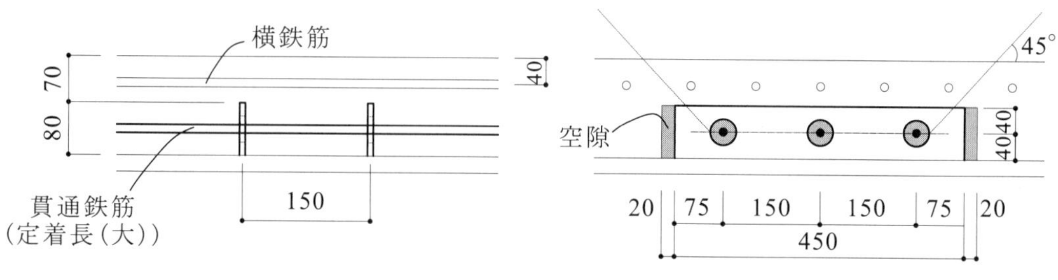

付図 1.2.1　計算対象

iv）コンクリートかぶり部のせい $_{rc}h$ および側面かぶり厚さ $_{pc}c$

$_{rc}h=70$ mm＞max｛50，0.5 $_{ps}h$｝＝50 mm　→ OK

$_{ps}c$：側面かぶり厚さは十分大きいものとする．

v）貫通鉄筋の必要定着長さ l_{ab}

l_{ab}：RC 部材の幅は大きく，十分確保されているものとする．

vi）ジベル鋼板の長さ $_{ps}l$

$_{ps}l=250$ mm＜$6\times{}_{h}n\times{}_{ps}d=6\times3\times40=720$ mm　→ OK

（5）　孔あき鋼板ジベルの終局せん断耐力の算定

i）コンクリートかぶり部の有効せい $_{rc}h_e$

・コンクリートかぶり部のせい $_{rc}h=70$ mm

・ジベル孔の直径 $_{ps}d=40$ mm

・ジベル孔の中心からジベル鋼板の上端までの距離 $_{d}h=40$ mm〔図 4.2.1 参照〕

ジベル鋼板の板厚の中心からコンクリートの縁端までの最小距離 b は十分大きいものとすると，(4.2.12)式より，コンクリートかぶり部の有効せい $_{rc}h_e$

$$_{rc}h_{45}=b-{}_{d}h$$

$$_{rc}h_e=\min({}_{rc}h,\ {}_{rc}h_{45},\ 5{}_{ps}d)={}_{rc}h=70\text{ mm}$$

ii）コンクリートかぶり部の有効幅 $_{e}B$

・隣り合うジベル孔の中心間距離 $_{ps}p=75$ mm

・ジベル鋼板1枚あたりの孔数 $_{h}n=3$ 個

以上および(4.2.11)式より，コンクリートかぶり部の有効幅 $_{e}B$

$$_{ps}p<2\{({}_{ps}d/2)+{}_{d}h+{}_{rc}h_e\}=260\text{ mm}$$

$$_{e}B=\frac{({}_{h}n-1){}_{ps}p+{}_{ps}d+2({}_{d}h+{}_{rc}h_e)}{{}_{h}n}=136.7\text{ mm}$$

iii）コンクリートかぶり部による拘束応力度 $_{rc}\sigma_r$

・横鉄筋の1本あたりの断面積 $_{r}a_0=126.7$ mm^2

・付図 1.2.1 より，コンクリートかぶり部分の有効幅 $_{e}B$ 内に配置される横鉄筋の断面積

$$_{r}a=3\times{}_{r}a_0=380.1\text{ mm}^2$$

・ジベル孔1個あたりの有効幅 $_{e}B$ 内に配置される横鉄筋の断面積 $_{r}a_1={}_{r}a/{}_{p}n=126.7$ mm^2

・表 2.2.1 より，横鉄筋のヤング係数 $_{s}E=205000$ N/mm^2，コンクリートの設計基準強度 $F_c=24$ N/mm^2，コンクリートの気乾単位体積重量 $_{c}\gamma=23$ kN/m^3，コンクリートのヤング係数 $_{c}E=22700$ N/mm^2

・ヤング係数比 $n={}_{s}E/{}_{c}E=9.031$

・ジベル孔1個あたりの有効なコンクリートかぶり部の等価断面積 A_n

$$A_n={}_{e}B\cdot{}_{rc}h_e+(n-1)\cdot{}_{r}a_1=10584\text{ mm}^2$$

・有効なコンクリートかぶり部の表面から横鉄筋の重心までの距離 $r_e=40$ mm

・(4.2.10)式より，有効なコンクリートかぶり部の等価断面の表面から図心までの距離 y_G

$$y_G=\frac{{}_eB\cdot\frac{{}_{rc}h_e{}^2}{2}+(n-1)\cdot{}_ra_1\cdot r_e}{A_n}=35.48\ \mathrm{mm}$$

・ジベル孔1個あたりの有効なコンクリートかぶり部の等価断面二次モーメント積 I_n

$$I_n=\frac{{}_eB\cdot{}_{rc}h_e{}^3}{12}+{}_eB\cdot{}_{rc}h_e\left(y_G-\frac{{}_{rc}h_e}{2}\right)^2+(n-1)\cdot{}_ra_1\cdot(r_e-y_G)^2=3929381\ \mathrm{mm}^4$$

・コンクリートかぶり部の曲げひび割れ強度 ${}_c\sigma_b=0.56\sqrt{F_c}=2.743\ \mathrm{N/mm^2}$

・(4.2.10)式より，コンクリートかぶり部による拘束力 ${}_{rc}P_r$

$${}_{rc}P_r=\frac{{}_c\sigma_b}{\frac{({}_{rc}h_e-y_G)\cdot({}_{rc}h_e-y_G+{}_dh)}{I_n}+\frac{1}{A_n}}=3662\ \mathrm{N}$$

・ジベル孔の中心からジベル鋼板の縁端までの最小距離 ${}_{ps}R=40$ mm〔図 4.2.1 参照〕

・(4.2.7)式より，拘束力が作用する部分の有効面積 A_p

$$A_p=\pi\cdot{}_{ps}R^2=5027\ \mathrm{mm}^2$$

以上および(4.2.10)式より，コンクリートかぶり部による拘束応力度 ${}_{rc}\sigma_r$

$${}_{rc}\sigma_r=\frac{{}_{rc}P_r}{A_p}=0.729\ \mathrm{N/mm^2}$$

iv）貫通鉄筋による拘束応力度 ${}_{pr}\sigma_r$

・貫通鉄筋 1-D13 の断面積 ${}_{pr}a=126.7\ \mathrm{mm}^2$，材料強度 ${}_{pr}\sigma_y-295\ \mathrm{N/mm^2}$

以上および(4.2.9)式より，貫通鉄筋による拘束応力度 ${}_{pr}\sigma_r$

$${}_{pr}\sigma_r=\frac{{}_{pr}a\cdot\frac{2}{3}\,{}_{pr}\sigma_y}{A_p}=4.957\quad \mathrm{N/mm^2}$$

v）コンクリートかぶり部および貫通鉄筋の拘束力による耐力上昇率の算定に用いる拘束応力度 σ_n（摩擦・付着面に作用する拘束応力度）

(4.2.8)式より，拘束応力度 σ_n

$$\sigma_n={}_{pr}\sigma_r+{}_{rc}\sigma_r=5.686\quad \mathrm{N/mm^2}$$

vi）耐力上昇係数 ${}_{ps}\alpha$ および耐力補正倍率 ${}_{ps}\beta$

(4.2.5)式より，拘束応力度 σ_n による耐力上昇を考慮した耐力上昇係数 ${}_{ps}\alpha$

$${}_{ps}\alpha=3.28\sigma_n{}^{0.387}=6.427\ (\sigma_n>0.0464)$$

(4.2.6)式より，耐力上昇係数 ${}_{ps}\alpha$ に関する耐力補正倍率 ${}_{ps}\beta=1.3$

vii）ジベル孔1個あたりのコンクリートの終局せん断耐力 ${}_{ps}q_{cu}$

・(4.2.4)式より，ジベル孔1個あたりにおけるジベル孔内のコンクリートの断面積 ${}_cA$

$${}_cA=\pi({}_{ps}d^2/4)=1257\ \mathrm{mm}^2$$

コンクリートのせん断ひび割れ強度 ${}_c\tau_c$

$${}_c\tau_c=0.5\sqrt{F_c}=2.449\ \mathrm{N/mm^2}$$

・(4.2.4)式より，コンクリートのせん断ひび割れ耐力 ${}_{ps}q_c$

$${}_{ps}q_c=2{}_cA\cdot{}_c\tau_c=6156\ \mathrm{N}$$

以上および(4.2.3)式より，ジベル孔1個あたりのコンクリートの終局せん断耐力 ${}_{ps}q_{cu}$

$${}_{ps}q_{cu}={}_{ps}\alpha\cdot{}_{ps}\beta\cdot{}_{ps}q_c=51434\ \mathrm{N}=51.43\ \mathrm{kN}$$

viii）鋼板とコンクリートの摩擦・付着耐力 ${}_{ps}q_b$

・ジベル鋼板の長さ ${}_{ps}l=250\ \mathrm{mm}$

・(4.2.7)式より，拘束力が作用するジベル鋼板部分の有効面積 A_b

$$A_b=2\{A_p-\pi({}_{ps}d^2/4)\}=7540\ \mathrm{mm}^2$$

ジベル鋼板（ジベル孔の面積を含む）の側面とコンクリートの接触面積

$$A_s=2\cdot{}_{ps}h\cdot{}_{ps}l=40000\ \mathrm{mm}^2$$

以上および(4.2.7)式より，ジベル鋼板とコンクリートの摩擦・付着耐力 ${}_{ps}q_b$

$${}_{ps}q_b=0.30\cdot\sigma_n\cdot A_b\cdot{}_hn+0.15(A_s-2\ {}_cA\cdot{}_hn)=43452\ \mathrm{N}=43.45\ \mathrm{kN}$$

ix）孔あき鋼板ジベルの終局せん断耐力 ${}_{ps}Q_U$

・ジベル鋼板の並列配置数 ${}_pn=2$ 枚

以上および(4.2.2)式より，孔あき鋼板ジベルの終局せん断耐力 ${}_{ps}Q_U$

$${}_{ps}Q_U={}_pn({}_hn\cdot{}_{ps}q_{cu}+{}_{ps}q_b)=395.5\ \mathrm{kN}$$

x）ジベル鋼板の孔間部の設計

・ジベル鋼板の材料強度 $F_y=235\ \mathrm{N/mm^2}$

・ジベル鋼板の厚さ ${}_{ps}t=9\ \mathrm{mm}$

・(4.2.14)式より，ジベル孔間のジベル鋼板部の降伏せん断耐力 ${}_sq_y$

$${}_sq_y=1.66(F_y/\sqrt{3})\cdot({}_{ps}l-{}_hn\cdot{}_{ps}d)\cdot{}_{ps}t=263.5\ \mathrm{kN}$$

以上および(4.2.13)式より，孔間のジベル鋼板部のせん断降伏に先行して孔あき鋼板ジベルの終局せん断耐力が発揮されることを確認する．

$${}_hn\cdot{}_{ps}q_{cu}+{}_{ps}q_b=197.8\ \mathrm{kN}<{}_sq_y=263.5\ \mathrm{kN}\quad\rightarrow \mathrm{OK}$$

xi）孔あき鋼板ジベルによる鋼・コンクリート接合部の設計

孔あき鋼板ジベルの終局せん断耐力 ${}_{ps}Q_U$ は，終局時の接合部に作用する設計用せん断力 Q_{dU} に対して，耐力低減係数 ${}_{ps}\phi=0.9$ を適用した(4.2.1)式を満足する必要がある．

$${}_{ps}\phi\cdot{}_{ps}Q_U=0.9\times395.5=355.9\ \mathrm{kN}\geqq Q_{dU}$$

計算例2　RC部材のコンクリートかぶり部のせいが十分に大きい場合

（1）　計算対象

付図1.2.2に示すように，RC部材のコンクリートかぶり部のせいが十分に大きい場合の孔あき鋼板ジベルを用いた接合部の長期および短期許容耐力を算定する．

（2）　使用材料

ジベル鋼板　：PL12，材料強度 $F_y=235\ \mathrm{N/mm^2}$，

コンクリート：設計基準強度 $F_c=21\ \mathrm{N/mm^2}$

横鉄筋　　　：ジベル孔部のせん断ひび割れ耐力に有効な横鉄筋は配置されないと仮定

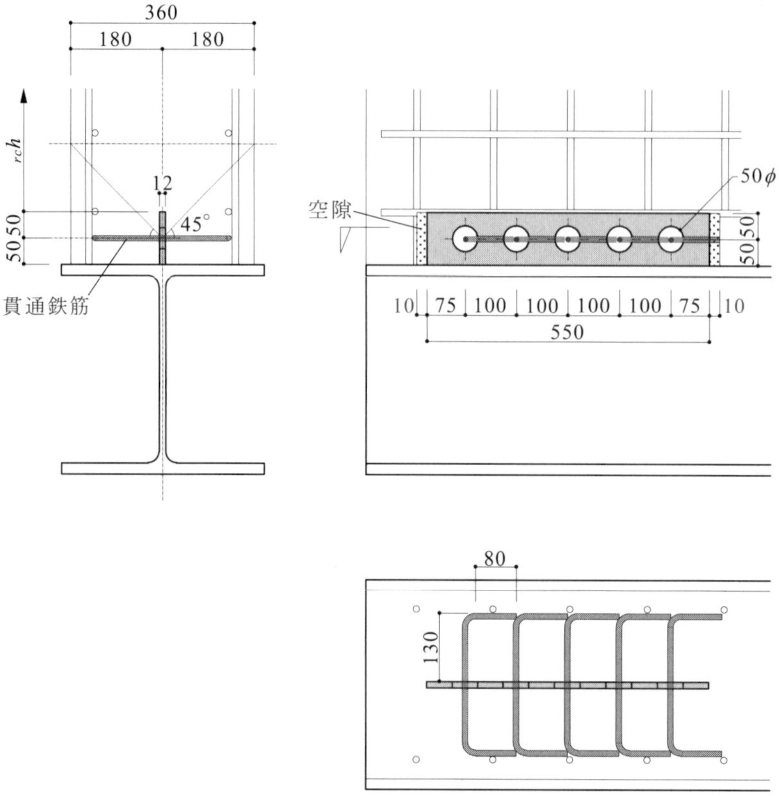

付図 1.2.2　計算対象

貫通鉄筋　　：1-D10，断面積 ${}_{pr}a=71.33\ \mathrm{mm}^2$，材料強度 ${}_{pr}\sigma_y=295\ \mathrm{N/mm}^2$

定着：標準フック(90°)，余長：$80\ \mathrm{mm} \geqq 8\times{}_{pr}d_b=8\times10=80\ \mathrm{mm}$

定着長さ：$130\ \mathrm{mm} \geqq 0.5\times(37\times{}_{ps}d_b/f_b)$

$=0.5\times\{37\times10/(21/40+0.9)\}=129.8\ \mathrm{mm}$

（3）　孔あき鋼板ジベルの形状寸法

ジベル鋼板の配置数 ${}_{p}n=1$ 枚（ジベル鋼板の並列間隔 ${}_{ps}s=0$），ジベル孔の直径 ${}_{ps}d=50\ \mathrm{mm}$，孔数 ${}_{h}n=5$ 個 / 列，隣り合うジベル孔の中心間距離 ${}_{ps}p=100\ \mathrm{mm}$，ジベル鋼板の長さ ${}_{ps}l=550\ \mathrm{mm}$，ジベル鋼板のせい ${}_{ps}h=100\ \mathrm{mm}$，ジベル鋼板の厚さ ${}_{ps}t=12\ \mathrm{mm}$

（4）　構造細則の確認

i ）ジベル孔の直径 ${}_{ps}d$

貫通鉄筋の呼び名に用いた数値 ${}_{pr}d_b=10\ \mathrm{mm}$，粗骨材の最大寸法を 20 mm とすると，

${}_{ps}d=50\ \mathrm{mm}>(10+20)=30\ \mathrm{mm}$　→ OK

ii ）ジベル鋼板の厚さ ${}_{ps}t$

${}_{ps}t=12\ \mathrm{mm}>\max\{9,\ 0.18\ {}_{ps}d\}=9\ \mathrm{mm}$　→ OK

iii ）ジベル鋼板の並列間隔 ${}_{ps}s$

ジベル鋼板の配置数 ${}_{p}n=1$ 枚（単列配置）のため，${}_{ps}s=0$

iv）コンクリートかぶり部のせい$_{rc}h$ および側面かぶり厚さ $_{ps}c$

$_{rc}h$：コンクリートかぶり部のせいは十分に大きいものとする．

RC 部材の幅 $_{c}b=360$ mm，ジベル鋼板の厚さ$_{ps}t=12$ mm より，

$$_{ps}c=({}_{c}b-{}_{ps}t)/2=174\ \text{mm}>\max\{100,\ 2.0\,{}_{ps}d\}=100\ \text{mm}\quad\rightarrow \text{OK}$$

v）貫通鉄筋の必要定着長さ l_{ab}

コンクリートの設計基準強度 $F_c=21$ N/mm^2 より，付着割裂の基準となる強度f_b

$$f_b=(F_c/40+0.9)=1.425\ \text{N/mm}^2$$

貫通鉄筋の呼び名に用いた数値 $_{pr}d_b=10$ mm，端部は標準フック付きより，貫通鉄筋の定着長さ l_{ab}

$$l_{ab}=130\ \text{mm}>0.5\times37({}_{pr}d_b/f_b)=129.8\ \text{mm}\quad\rightarrow \text{OK}$$

vi）ジベル鋼板の長さ$_{ps}l$

$$_{ps}l=550\ \text{mm}<6\times{}_{h}n\times{}_{ps}d=6\times5\times50=1500\ \text{mm}\quad\rightarrow \text{OK}$$

（5）　孔あき鋼板ジベルの終局せん断耐力の算定

i）コンクリートかぶり部の有効せい $_{rc}h_e$

・RC 部材の幅 $_{c}b=360$ mm

・ジベル鋼板の板厚の中心からコンクリートの縁端までの最小距離 $b=180$ mm〔図 4.2.3 参照〕

・ジベル鋼板のせい $_{ps}h=100$ mm

・ジベル孔の中心からジベル鋼板の上端までの距離 $_{d}h=50$ mm〔図 4.2.1 参照〕

・ジベル孔の直径 $_{ps}d=50$ mm

以上および(4.2.12)式により，コンクリートかぶり部の有効せい $_{rc}h_e$

$$_{rc}h_{45}=b-{}_{d}h=130\ \text{mm}$$

$$_{rc}h_e=\min({}_{rc}h,\ {}_{rc}h_{45},\ 5\,{}_{ps}d)={}_{rc}h_{45}=130\ \text{mm}$$

ii）コンクリートかぶり部の有効幅 $_{e}B$

・隣り合うジベル孔の中心間距離 $_{ps}p=100$ mm

・ジベル鋼板1枚あたりの孔数 $_{h}n=5$ 個

以上および(4.2.11)式により，コンクリートかぶり部の有効幅 $_{e}B$

$$_{ps}p<2\{({}_{ps}d/2)+{}_{d}h+{}_{rc}h_e\}=410\ \text{mm}$$

$$_{e}B=\frac{({}_{h}n-1)\,{}_{ps}p+{}_{ps}d+2({}_{d}h+{}_{rc}h_e)}{{}_{h}n}=162.0\ \text{mm}$$

iii）コンクリートかぶり部による拘束応力度 $_{rc}\sigma_r$

・付図 1.2.2 より，ジベル孔部分のせん断ひび割れ耐力を上昇させる横鉄筋は，配置されないものとする

・ジベル孔1個あたりの有効なコンクリートかぶり部の等価断面積 A_n

$$A_n={}_{e}B\cdot{}_{rc}h_e=21060\ \text{mm}^2$$

・(4.2.10)式より，有効なコンクリートかぶり部の等価断面の表面から図心までの距離 y_G

$$y_G=\frac{{}_eB\cdot\dfrac{{}_{rc}h_e{}^2}{2}}{A_n}=65.00\ \mathrm{mm}$$

・ジベル孔１個あたりの有効なコンクリートかぶり部の等価断面二次モーメント積 I_n

$$I_n=\frac{{}_eB\cdot{}_{rc}h_e{}^3}{12}+{}_eB\cdot{}_{rc}h_e\left(y_G-\frac{{}_{rc}h_e}{2}\right)^2=29659500\ \mathrm{mm}^4$$

・コンクリートかぶり部の曲げひび割れ強度 ${}_c\sigma_b=0.56\sqrt{F_c}=2.566\ \mathrm{N/mm^2}$

・(4.2.10)式より，コンクリートかぶり部による拘束力 ${}_{rc}P_r$

$${}_{rc}P_r=\frac{{}_c\sigma_b}{\dfrac{({}_{rc}h_e-y_G)\cdot({}_{rc}h_e-y_G+{}_dh)}{I_n}+\dfrac{1}{A_n}}=8567\ \mathrm{N}$$

・ジベル孔の中心からジベル鋼板の縁端までの最小距離 ${}_{ps}R=50\ \mathrm{mm}$〔図 4.2.1 参照〕

・(4.2.7)式より，拘束力が作用する部分の有効面積 A_p

$$A_p=\pi\cdot{}_{ps}R^2=7854\ \mathrm{mm}^2$$

以上および(4.2.10)式より，コンクリートかぶり部による拘束応力度 ${}_{rc}\sigma_r$

$${}_{rc}\sigma_r=\frac{{}_{rc}P_r}{A_p}=1.091\ \mathrm{N/mm^2}$$

iv）貫通鉄筋による拘束応力度 ${}_{pr}\sigma_r$

・貫通鉄筋 1-D10 の断面積 ${}_{pr}a=71.33\ \mathrm{mm}^2$，材料強度 ${}_{pr}\sigma_y=295\ \mathrm{N/mm^2}$

以上および(4.2.9)式より，貫通鉄筋による拘束応力度 ${}_{pr}\sigma_r$

$${}_{pr}\sigma_r=\frac{{}_{pr}a\cdot\dfrac{2}{3}\,{}_{pr}\sigma_y}{A_p}=1.786\ \mathrm{N/mm^2}$$

v）コンクリートかぶり部および貫通鉄筋の拘束力による耐力上昇率の算定に用いる拘束応力度 σ_n（摩擦・付着面に作用する拘束応力度）

(4.2.8)式より，拘束応力度 σ_n

$$\sigma_n={}_{pr}\sigma_r+{}_{rc}\sigma_r=2.877\ \mathrm{N/mm^2}$$

vi）耐力上昇係数 ${}_{ps}\alpha$ および耐力補正倍率 ${}_{ps}\beta$

(4.2.5)式より，拘束応力度 σ_n による耐力上昇を考慮した耐力上昇係数 ${}_{ps}\alpha$

$${}_{ps}\alpha=3.28\sigma_n{}^{0.387}=4.937\ (\sigma_n>0.0464)$$

(4.2.6)式より，耐力上昇係数 ${}_{ps}\alpha$ に関する耐力補正倍率 ${}_{ps}\beta=1.3$

vii）ジベル孔１個あたりのコンクリートの終局せん断耐力 ${}_{ps}q_{cu}$

・(4.2.4)式より，ジベル孔１個あたりにおけるジベル孔内のコンクリートの断面積 ${}_cA$

$${}_cA=\pi({}_{ps}d^2/4)=1963\ \mathrm{mm}^2$$

コンクリートのせん断ひび割れ強度 ${}_c\tau_c=0.5\sqrt{F_c}=2.291\ \mathrm{N/mm^2}$

・(4.2.4)式より，コンクリートのせん断ひび割れ耐力 ${}_{ps}q_c$

$${}_{ps}q_c=2\,{}_cA\cdot{}_c\tau_c=8998\ \mathrm{N}=9.00\ \mathrm{kN}$$

以上および(4.2.3)式より，ジベル孔１個あたりのコンクリートの終局せん断耐力 ${}_{ps}q_{cu}$

$_{ps}q_{cu}={}_{ps}\alpha\cdot{}_{ps}\beta\cdot{}_{ps}q_c=57752\ \mathrm{N}=57.75\ \mathrm{kN}$

viii）鋼板とコンクリートの摩擦・付着耐力 $_{ps}q_b$

・ジベル鋼板の長さ $_{ps}l=550\ \mathrm{mm}$

・(4.2.7)式より，拘束力が作用するジベル鋼板部分の有効面積 A_b

$A_b=2\{A_p-\pi({}_{ps}d^2/4)\}=11781\ \mathrm{mm}^2$

ジベル孔の面積を含むジベル鋼板の側面とコンクリートの接触面積 A_s

$A_s=2\cdot{}_{ps}h\cdot{}_{ps}l=110000\ \mathrm{mm}^2$

以上および(4.2.7)式より，ジベル鋼板とコンクリートの摩擦・付着耐力 $_{ps}q_b$

$_{ps}q_b=0.30\cdot\sigma_n\cdot A_b\cdot{}_hn+0.15(A_s-2_cA\cdot{}_hn)=64397\ \mathrm{N}=64.40\ \mathrm{kN}$

ix）孔あき鋼板ジベルの終局せん断耐力 $_{ps}Q_U$

・(4.2.2)式より，孔あき鋼板ジベルの終局せん断耐力 $_{ps}Q_U$

$_{ps}Q_U={}_pn({}_hn\cdot{}_{ps}q_{cu}+{}_{ps}q_b)=353.2\ \mathrm{kN}$

x）ジベル鋼板の孔間部の設計

・ジベル鋼板の材料強度 $F_y=235\ \mathrm{N/mm^2}$

・ジベル鋼板の厚さ $_{ps}t=12\ \mathrm{mm}$

・(4.2.14)式より，ジベル孔間のジベル鋼板部の降伏せん断耐力 $_sq_y$

$_sq_y=1.66(F_y/\sqrt{3})\cdot({}_{ps}l-{}_hn\cdot{}_{ps}d)\cdot{}_{ps}t=810.8\ \mathrm{kN}$

以上および(4.2.13)式より，孔間のジベル鋼板部のせん断降伏に先行して孔あき鋼板ジベルの終局せん断耐力が発揮されることを確認する．

$_hn\cdot{}_{ps}q_{cu}+{}_{ps}q_b=353.2\ \mathrm{kN}<{}_sq_y=810.8\ \mathrm{kN}$　→ OK

xi）孔あき鋼板ジベルによる鋼・コンクリート接合部の設計

孔あき鋼板ジベルの終局せん断耐力 $_{ps}Q_U$ は，終局時の接合部に作用する設計用せん断力 Q_{dU} に対して，耐力低減係数 $_{ps}\phi=0.9$ を適用した(4.2.1)式を満足する必要がある．

$_{ps}\phi\cdot{}_{ps}Q_U=0.9\times353.2=318\ \mathrm{kN}\geqq Q_{dU}$

（６）　孔あき鋼板ジベルを用いた接合部の許容耐力の算定

i）長期許容耐力

・孔あき鋼板ジベルを用いた接合部の長期許容耐力は，貫通鉄筋の有無にかかわらず，ジベル孔側面によるコンクリートのひび割れせん断耐力とする．

・上述の（５）vii）より，ジベル孔１個あたりの長期許容耐力 $_{ps}q_{AL}={}_{ps}q_c=9.00\ \mathrm{kN}$

以上および(4.3.1)式の左辺より，孔あき鋼板ジベルを用いた接合部の長期許容耐力

$_pn\cdot{}_hn\cdot{}_{ps}q_{AL}=45.0\ \mathrm{kN}$

ii）短期許容耐力

・孔あき鋼板ジベルを用いた接合部の短期許容耐力は，孔あき鋼板ジベルの終局せん断耐力 $_{ps}Q_U$ の(2/3)倍とすることができる．

・上述の（５）ix）より，孔あき鋼板ジベルの終局せん断耐力 $_{ps}Q_U=353.2\ \mathrm{kN}$

以上および(4.3.4)式より，孔あき鋼板ジベルを用いた接合部の短期許容耐力${}_{ps}Q_{AS}$

$${}_{ps}Q_{AS}=(2/3)\,{}_{ps}Q_{U}=235\ \mathrm{kN}$$

付録２　鋼コンクリート接合部の機械的ずれ止めに関する研究例

付 2.1　は じ め に

ここでは，鋼コンクリート接合部に適用された機械的ずれ止めに関する研究・開発のさらなる発展に有用との学術的観点から，既往の研究成果を紹介する．なお，ここで取り上げた接合部ディテールには，特許等工業所有権が絡むものも含まれており，実用にあたっては特許等工業所有権に対して適切に対処されたい．

付 2.2　機械的ずれ止めが適用される鋼コンクリート接合部の分類

鉄骨（以下，S という）部材と鉄筋コンクリート（以下，RC という）部材の機械的ずれ止めとして頭付きスタッドが一般に用いられ，さまざまな接合部ディテールに機械的ずれ止めとして頭付きスタッドを適用した研究・開発事例が見られる．また，近年，孔あき鋼板ジベルを適用した接合部ディテールの研究・開発も進められている．

付図 2.2.1 は，建築分野における頭付きスタッドおよび孔あき鋼板ジベルを適用した既往の研究例を接合部形式ごとに分類し，模式的に示したものである[付2.1)]．図中の矢印は，加力方向の一例を示す．鋼コンクリート接合部は，合成梁に代表される S 部材と RC 部材が並列的に結合される並列接合部，複合梁に代表される S 部材に RC 部材が直列的に接合される直列接合部（切替え部），および柱 RC・梁 S 構造に代表される S 部材が RC 部材に直交して結合される直交接合部に分類され

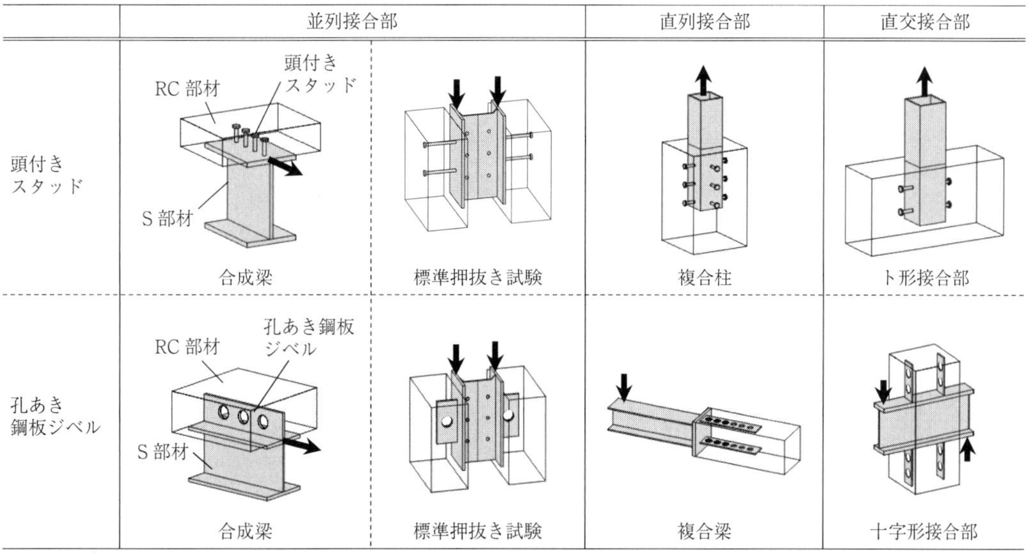

付図 2.2.1　機械的ずれ止めが適用された鋼コンクリート接合部の分類[付2.1)]

る．

以下，近年の頭付きスタッドおよび孔あき鋼板ジベルに関する研究例を各接合部形式に分類し，主に接合部ディテールおよび各ずれ止めの力学挙動に着目して述べる．

付 2.3　頭付きスタッド

（1）　並列接合部

並列接合部に頭付きスタッドが適用された代表的な部位は合成梁であるが，ここでは，合成梁以外の代表的な研究例を示す．

【波形鋼板耐震壁－RC 骨組】[付2.2)]

河野らは，縦（鉛直）方向の面内剛性が非常に小さく，かつ高いせん断座屈強度を有する波形鋼板を RC 骨組に耐震壁として組み込み，頭付きスタッドにより鋼板を骨組に定着する状況が耐震壁付き骨組の耐震性能に及ぼす影響を実験的に検討している．

付図 2.3.1 に試験体の概要を示す．実験変数は頭付きスタッドの配置方法（量）であり，千鳥配

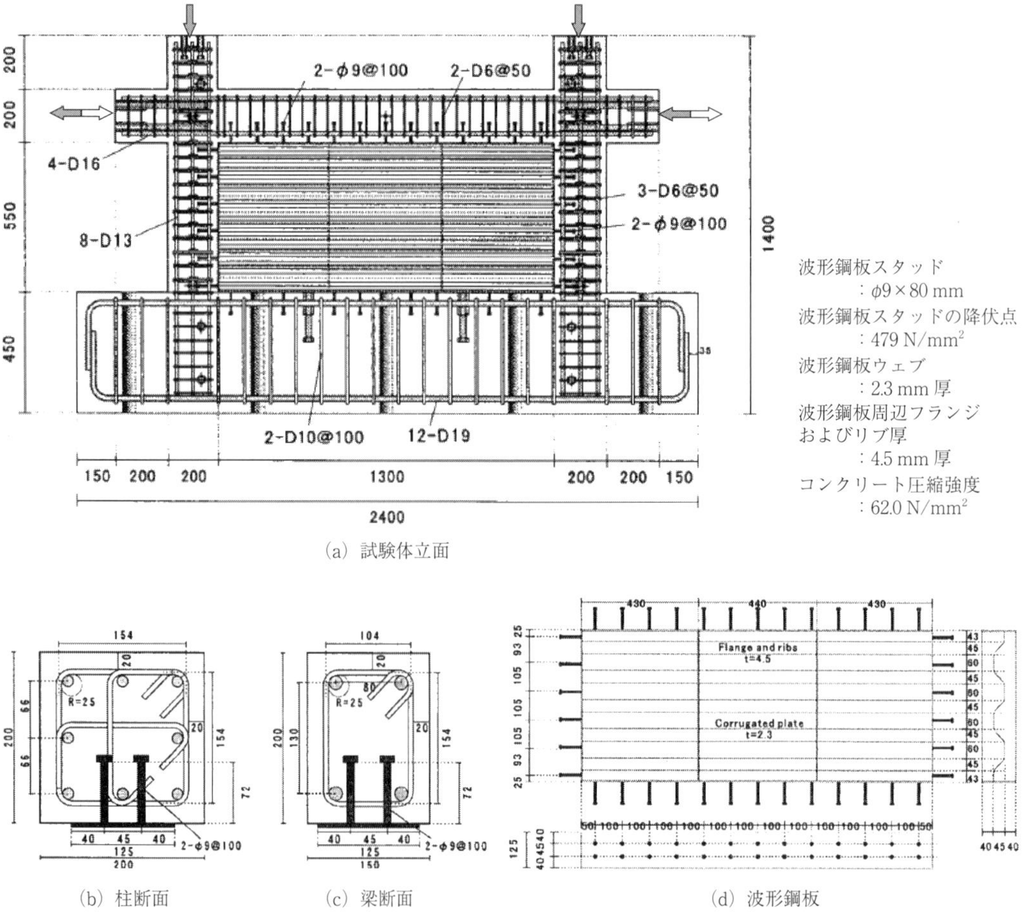

(a) 試験体立面

(b) 柱断面　(c) 梁断面　(d) 波形鋼板

付図 2.3.1　試験体概要[付2.2)]

置（H1V1 試験体）およびダブル配置（H2V2 試験体，頭付きスタッドの量は H1V1 試験体の 2 倍）である．

頭付きスタッド量の決定は，群効果を考慮しない引張力とせん断力の組合せ応力に対する耐力に基づいた(付 2.1)式[付2.3)]による．

$$\left(\frac{p}{p_a}\right)^{\frac{5}{3}}+\left(\frac{q}{q_a}\right)^{\frac{5}{3}}\leqq 1.0 \qquad (付\ 2.1)$$

ここに，p，p_a は頭付きスタッドの設計引張力および許容引張力，q，q_a は頭付きスタッドの設計せん断力および許容せん断力である．許容引張力および許容せん断力 p_a，q_a は文献付 2.4）に基づいて算定された値であり，波形鋼板と周辺フレームの界面における設計用引張力および設計用せん断力 p，q は，4 節点・4 ガウスポイントプレート要素からなるせん断パネルおよび補剛リブと，8 節点・8 ガウスポイントのソリッド要素からなる柱と梁で構成される有限要素モデルを用いた弾性解析より得られた値である．頭付きスタッドがダブル配置された H2V2 試験体は，(付 2.1)式の左辺が 0.989 となり，ほぼ(付 2.1)式を満たす量の頭付きスタッドが波形鋼板上面に打設されていることになる．

付図 2.3.2 に履歴曲線を示す．縦軸は水平荷重，横軸は層間変形角である．頭付きスタッドの配置方法にかかわらず，波形鋼板のせん断座屈により最大耐力が決定される層間変形角 $R=\pm0.8$ % までは安定した紡錘形の履歴ループを示すが，それ以降は耐力劣化が生じ，ループ形状もくびれた形状に移行している．頭付きスタッドが千鳥配置された H1V1 試験体は，$R=0.4$ %で頭付きスタッドのフランジ溶接面における破断が複数の個所で生じ，最大耐力発揮後の耐力劣化がより顕著であるが，ダブル配置とした H2V2 試験体は $R=+11$ %の大変形時においても最大耐力の 75 %程度の耐力を保持しており，通常の RC 架構と比べて著しい靭性能の改善が見られることから，頭付きスタッドの量が架構の耐震性能に及ぼす影響が指摘されている．

これらの実験結果より，文献付 2.3)，付 2.4）に基づく算定値を満足する量の頭付きスタッドが配置されていれば，波形鋼板付き RC 骨組の耐力・変形能に優れた履歴性状が得られ，波形鋼板の

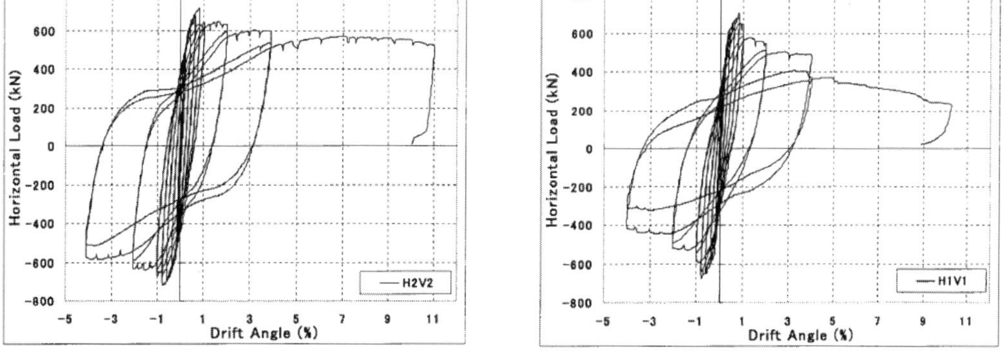

（a）ダブル配置（H2V2 試験体）　（b）千鳥配置（H1V1 試験体）

付図 2.3.2　履歴曲線[付2.2)]

せん断座屈が生じるまでの変形であれば，上述の半分の頭付きスタッド量でも，大きな耐震性能の劣化は見られないことが示されている.

【増設 RC 梁－S 柱】[付2.5)，付2.6)]

森下ら[付2.5)] および池田ら[付2.6)] らは，増設した RC 梁に S 柱を外付けする耐震補強工法の開発にあたり，接合部の耐震性能を検証するための実験的研究を行っている.

付図 2.3.3 に試験体概要を示す．提案された補強工法は，増設 RC 梁と S 柱が偏心接合されることから，梁－柱間の応力伝達は接合部におけるねじり応力に依存するところに特徴がある．実験変数は，接合部パネルに配置される頭付きスタッドの量および接合部コンクリートの支圧ディテール〔支圧面積，付図 2.3.3 および付図 2.3.4 参照〕である．No.1～3 試験体は，同一の接合部コンクリー

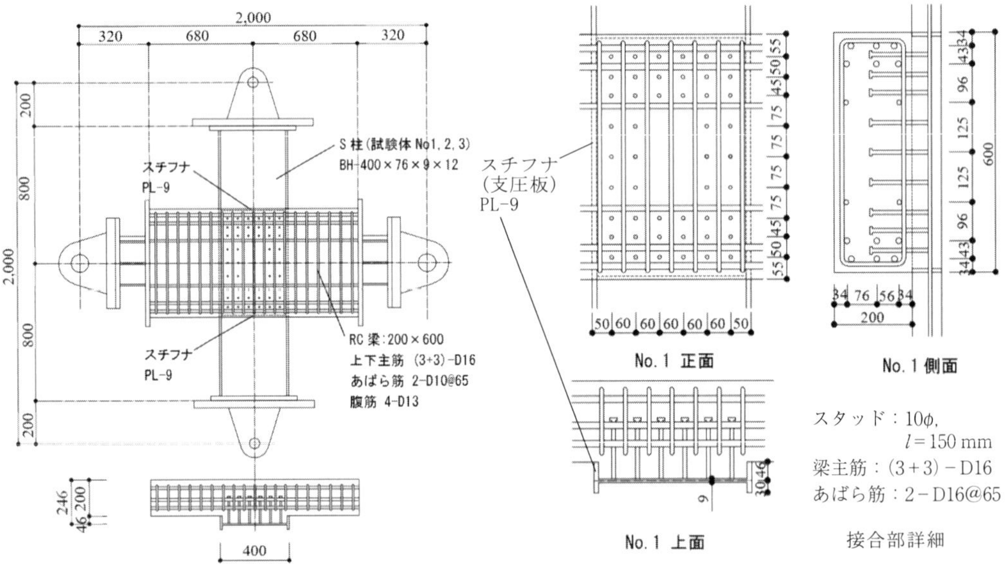

付図 2.3.3　試験体概要（No.1 試験体）[付2.6)]

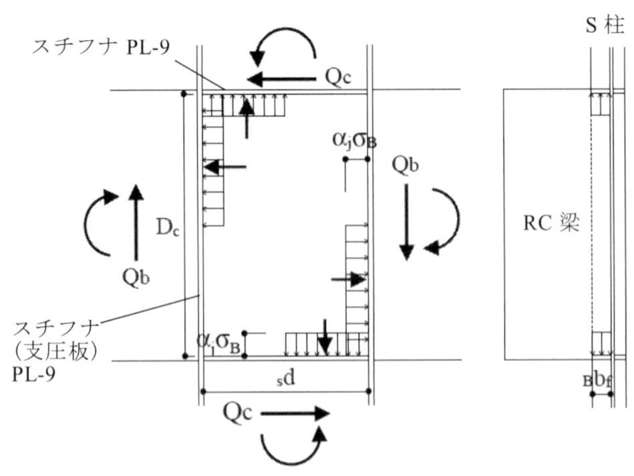

付図 2.3.4　支圧抵抗機構[付2.6)]

トの支圧ディテールに対して頭付きスタッドがそれぞれ48，82および8本打設されている．No.4，5試験体は，No.1試験体と同一の頭付きスタッドの打設数に対して，それぞれ支圧板のないおよび支圧板をRC梁のコンクリート内まで延長（支圧面積を増加）した支圧ディテールとしている．

付図2.3.5に実験値と各変数による計算値の比較を示す．縦軸は実験値（柱せん断力），横軸は各実験変数による計算値である．頭付きスタッド1本あたりのせん断耐力は，提案する補強工法が外付けフレーム耐震補強工法を対象としているため，頭付きスタッドをあと施工アンカーとみなし，文献付2.7）に基づいて算定している．また，付図2.3.4に示すように，S柱フランジとスチフナによって囲まれたコンクリートの支圧耐力を評価している．接合部の耐力は，頭付きスタッドのせん断耐力に柱梁接合部の節点から各頭付きスタッドまでの距離を乗じて求められた曲げモーメントと，コンクリートの支圧抵抗による曲げモーメントの単純累加によって，柱梁接合部の節点に対する終局曲げモーメントとして算定されている．ただし，付図2.3.4に示す支圧抵抗機構に基づいて算定されるコンクリートの支圧耐力において，実験値との対応を図るために逆算して求められたコンクリート圧縮強度の低減係数α_f（＝0.6）が適用されている．付図2.3.5に関する考察より，以下の知見が得られている．

1）　頭付きスタッドの量あるいは支圧面積に比例して最大耐力は増大する．

2）　付図2.3.5(a)における線形近似線のy切片はコンクリートの支圧耐力を示すが，同図(b)に示すように，コンクリートの支圧耐力の計算値に対する実験値の傾きは0.56であり，支圧耐力の算定に適用された低減係数0.6をさらに低減する必要がある．

3）　同図(b)における線形近似線のy切片は，コンクリートの支圧耐力が0となる試験体の実験値と一致しているが，同図(a)に示すように，頭付きスタッドによる耐力の計算値に対する実験値の傾きは0.86であり，頭付きスタッドによる耐力を若干低減する必要がある．これは，接合部パネルの回転中心（柱梁接合部の節点）近傍の頭付きスタッドは，最大耐力時において引張降伏ひずみ度に達していないことに起因すると考えられる．

（2）　直列（・直交）接合部

ずれ止めとして頭付きスタッドが適用された直列接合部において，最も代表的な部位はS造根

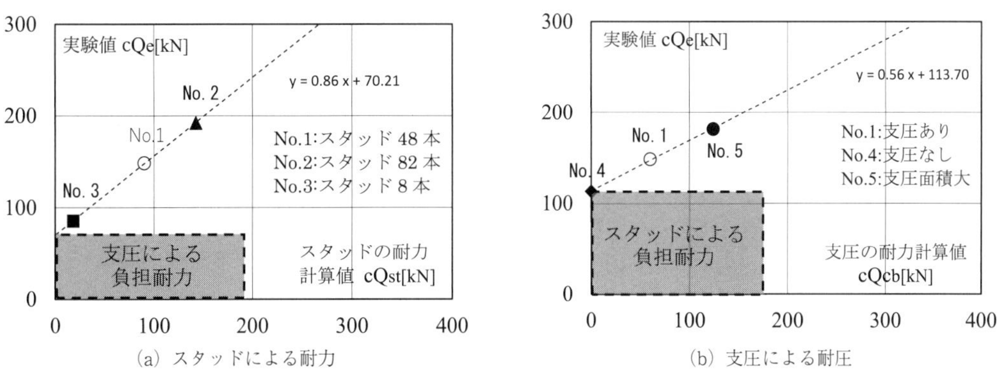

付図2.3.5　実験値と計算値の比較[付2.6)]

巻柱脚接合部であるが，3.2 節で示したように，根巻き柱脚における柱鉄骨に設けた頭付きスタッドの効果は考慮しないものとされている[付2.8]．一方，近年の超高層建物に適用される間柱型の制震ダンパーの取付け部分は，制震ダンパーの性能を十分に発揮させるために高い剛性および耐力が要求される．RC 架構に間柱型制震ダンパーを適用する場合，付図 2.3.6(a)に示すように，制震ダンパー端部のベースプレートを RC 梁や RC 間柱にアンカーボルトや PC 鋼材によって結合する露出柱脚形式とする工法が一般的である．それに対して，同図(b)に示すように，制震ダンパーの端部にベースプレートを設けず，頭付きスタッドが打設された制震ダンパーの中鋼板や低降伏点鋼パネルを組み入れた H 形鋼を RC 梁や RC 間柱に埋め込む根巻柱脚形式とし，根巻部との曲げモーメントの伝達を頭付きスタッドのせん断抵抗による接合部の開発に関する研究が行われている[付2.9)～2.11]．さらに，近年の大規模建物の地下工法としての採用が多くなっている逆打工法は，場所打ちコンクリート杭の打設時に，構真柱と呼ばれる鉄骨柱を杭に対して所定の深さで定着させるものであり，本工法にも頭付きスタッドが適用される．この場合，鉄骨柱の軸力は，鉄骨とコンクリートの付着力，鉄骨柱に打設された頭付きスタッドのせん断力および鉄骨柱先端部の支圧力によりコンクリート杭へ伝達されることになる．

以下に，S 造根巻き柱脚接合部以外に頭付きスタッドを適用した直列（・直交）接合部に関する研究例を示す．

【RC 造間柱－制震ダンパー】[付2.9)～2.11]

制震ダンパーの端部にベースプレートを設けず，RC 梁や RC 間柱との取付け部分を根巻柱脚形式とする接合部の開発に関する研究として，ここでは，島崎ら[付2.10)，付2.11] による成果を代表して示す．

島崎らは，頭付きスタッドを有する RC 根巻部において，RC 根巻部のせん断ひび割れ発生前後の頭付きスタッドの曲げ・せん断抵抗および頭付きスタッドの復元力特性に着目している．

付図 2.3.7 に頭付きスタッドを有する RC 根巻部を想定（実用では RC 梁に相当）した試験体概要（No.4 試験体）を示す．実験は，計 4 体の試験体（No.1～4 試験体）が計画されたが，制震ダンパーの中鋼板（PL-12）に頭付きスタッドが打設され，標準的な耐力の制震ダンパーの取付けが想定された No.1 試験体（根巻部寸法：260×980×320，根巻部に配置された中間縦筋：4-D13）に対して，No.4 試験体（根巻部寸法：310×1140×320，根巻部に配置された中間縦筋：10-D13）は，

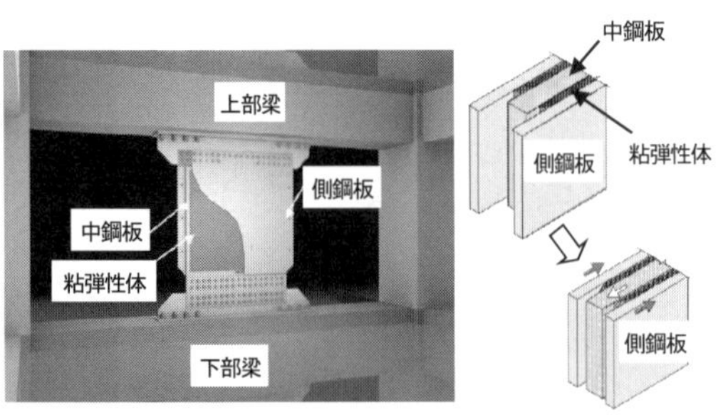

(a) 壁型制震ダンパーの概要

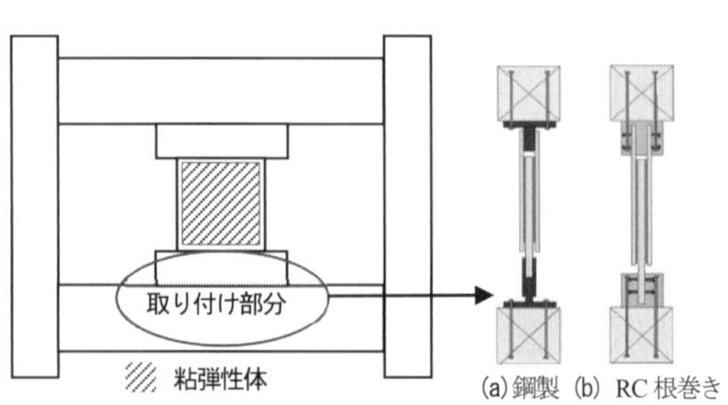

(b) 取付け部分の概要

付図 2.3.6　RC 根巻き型構造システム[付2.10]

根巻部寸法および中間縦筋量が大きく，標準的な耐力の制震ダンパーの約2倍の耐力を有する制震ダンパーの取付けが想定されている．なお，No.1およびNo.4試験体の中鋼板に打設された頭付きスタッドの形状および本数は同じである．また，各試験体とも，RC根巻部のせん断補強筋には高強度せん断補強筋（SD685）が用いられている．

付図2.3.8に履歴曲線を示す．縦軸は負荷された水平力，横軸は制震ダンパーの中心となるように設定された加力高さ位置の水平変形である．両試験体とも，RC根巻部に生じた縦ひび割れおよびせん断ひび割れに起因する剛性の低下が見られ，曲げ引張側の鋼板の抜出し破壊（頭付きスタッドによるコンクリートの掃出し破壊）によって最大荷重が決定されている．

上述の得られた実験結果に対して，計8体の追加要素試験を実施することによって，頭付きスタッドによるコンクリートの掃出し破壊耐力の算定方法が提案されている[付2.11]．頭付きスタッドのへりあきが小さく，破壊面内に定着主筋が配置されていない場合は，最外縁の頭付きスタッドによるコンクリートの掃出し破壊が先行する．頭付きスタッドによるコンクリートの掃出し破壊耐力時のせん断耐力 Q_a は，頭付きスタッドから45度方向の破壊面を想定し，文献付2.3）に基づいた破壊面の前面におけるコーン状破壊の有効投影面積 A_{qc} を用いて，（付2.2)式によって算定されている．

$$Q_a=\phi\cdot({}_c\sigma_t=0.31\sqrt{F_c})A_{qc} \qquad \text{（付 2.2）}$$

ここに，ϕ：低減係数（=2/3），${}_c\sigma_t$：コーン状破壊に対するコンクリートの引張強度$({}_c\sigma_t=0.31\sqrt{F_c})$である．

実験値と計算値の比較検討の結果，低減係数 $\phi=1.0$ とした方が対応は良くなることが示されている．なお，破壊面内に定着プレートを端部に有する定着主筋が配筋され，定着プレートの支圧耐力が十分に確保されている場合は，掃出し破壊は生じないことが示されている．

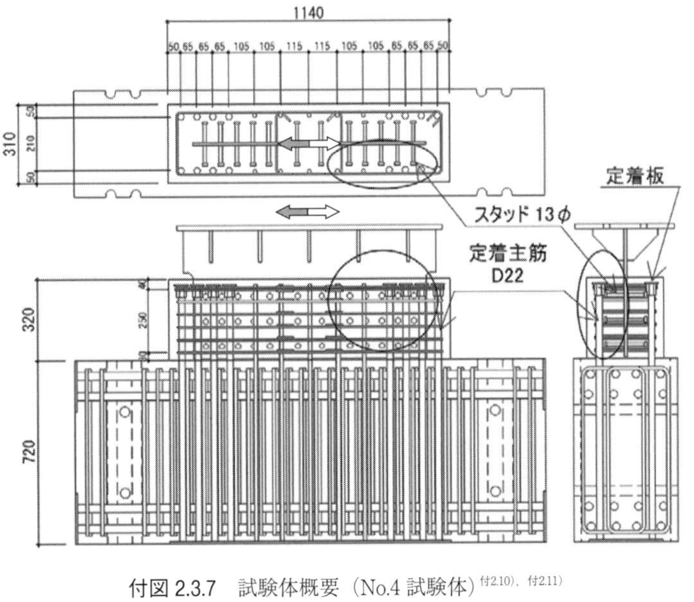

付図 2.3.7　試験体概要（No.4 試験体）[付2.10), 付2.11]

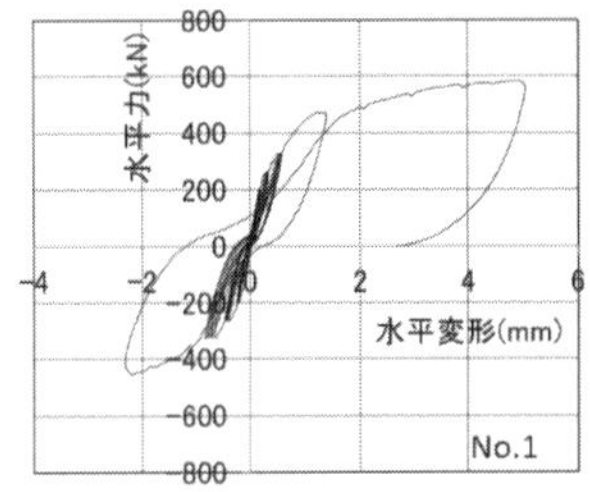

(a) No.1 試験体

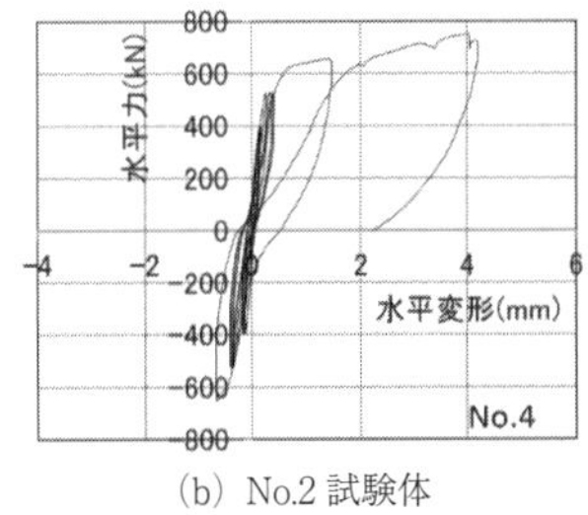

(b) No.2 試験体

付図 2.3.8　履歴曲線[付2.10]

【S 柱－RC 杭】[付2.12), 付2.13)]

S 柱の軸力は，鉄骨とコンクリートの付着力，S 柱に打設された頭付きスタッドのせん断力およびS 柱先端部の支圧力によりコンクリート杭に伝達される．これらによる破壊形式は，付着が極限を超えて耐力低下する付着破壊，頭付きスタッドの降伏や頭付きスタッドによるコンクリート杭頭の割裂破壊，および支圧力によるコンクリート杭頭の支圧割裂破壊が想定される．

宇佐美ら[付2.12)]は，S 柱を埋め込んだ場所打ちコンクリート杭頭部に関して，S 柱が圧縮軸力を受ける場合，鉄骨柱に打設された頭付きスタッドのせん断抵抗力がコンクリート杭頭部の終局耐力に及ぼす影響等を調べる軸圧縮実験を行い，頭付きスタッドのせん断耐力は(解 3.2.1)式に基づいて評価できるが，S 柱の埋込み深さがS 柱せい D の 4 倍以下では打設全数，4 倍を超える場合はコンクリート天端から $4D$ までの打設本数が有効となることを示している．

一方，杉本ら[付2.13)]は，S 柱の有効埋込み長さを検証するために実施した軸圧縮実験の結果に基づいたFEM 解析を行い，S 柱からコンクリート杭への頭付きスタッドによる応力伝達を考慮した耐力評価法について検討している．試験体〔解図 3.2.9(a)参照〕は，S 柱の埋込み深さを実験変数とする 2 体の試験体（5D 試験体：埋込み深さがS 柱せいの 5 倍，7D 試験体：7 倍）が計画され，軸圧縮載荷が行われた．S 断面はクロス H 形鋼とし，S 柱の埋込み深さに対して打設本数を変化させた頭付きスタッドが等間隔でフランジに設けられている（5D 試験体：40-ϕ22@150，7D 試験体：56-ϕ22@150）．一方，両試験体とも，S 柱の埋込み先端部の支圧力の影響を除去するため，S 柱先端部に厚さ 100 mm の押出し発砲ポリエチレンが接着されている．これは，現場打設コンクリートの沈降等の影響より，十分な支圧耐力が確保されるか不明な点が多いことによる．実験結果より，両試験体とも，軸方向の相対変位がおおよそ 2〜3 mm 程度に達するまで大きな剛性低下は見られず，最大耐力時には杭体表面の頭付きスタッドに沿った位置で割裂ひび割れが生じ，その後緩やかに耐力が低下していることが示されている．また，7D 試験体の最大耐力は，5D 試験体の約 1.33 倍となり，S 柱の埋込み深さ，すなわち，頭付きスタッドの本数およびS 柱とコンクリートの付着力の増加に概ね比例することが示されている．

付図 2.3.9 は，5D 試験体を対象とし，簡単化のために鉄骨とコンクリートとの付着を無視した弾性解析結果のうち，荷重 5000 kN 時の鉄骨要素とコンクリート要素を接続するリンク要素の変位（各位置における鉄骨とコンクリートの変位量差の）分布および頭付きスタッドの負担せん断力分布を示したものである．縦軸はS 柱の埋込み深さ位置，横軸はリンク要素の変位および頭付きスタッドの負担せん断力である．また，図中の凡例に示す剛性は，頭付きスタッドの剛性の影響を確認するために変動させた初期剛性に対するリンク要素の剛性の比を示す．文献付 2.12）の考察では，S 柱の埋込み深さがS 柱せい D の 4 倍を超える場合は，コンクリート天端から $4D$ までの打設本数が有効となることが示されているが，これは，(解 3.2.1)式に基づいてコンクリート天端から $4D$ までの深さに打設された頭付きスタッドの本数を用いて最大耐力を算定すると，実験結果を良く評価できることを意味すると考えられる．一方，弾性解析の結果は，頭付きスタッドは埋込み深さの全領域でせん断力を負担するが，その負担せん断力はS 柱の埋込み深さ方向に一定とはならず，S 柱に打設されたすべての頭付きスタッドが最大耐力を発揮するとは限らないことを示してい

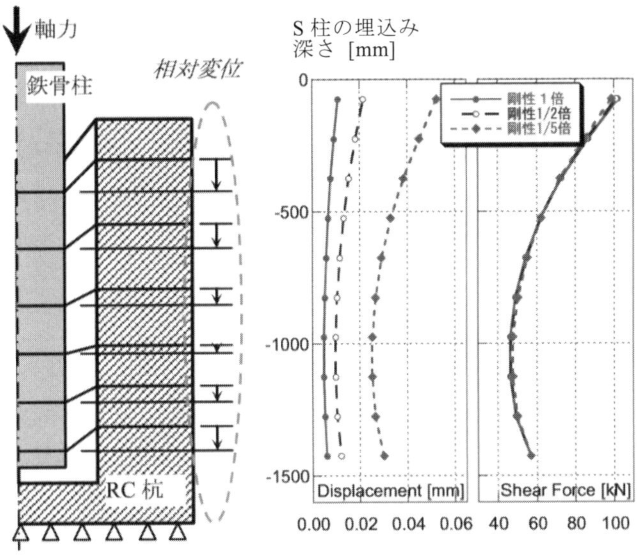

(a) S 柱とコンクリート杭の変位差のイメージ　　(b) 弾性解析結果

付図 2.3.9　変位差およびせん断力分布の弾性解析結果[付2.13)]

る．具体的には，杭頭および S 柱埋込み端部付近の鉄骨とコンクリート間のずれ量，すなわち頭付きスタッドによって伝達されるせん断力は中間部に比べて大きくなり，中間部分に極小値を与える点が存在すると考えられる．これらの結果は，頭付きスタッドが負担せん断力の最も大きくなる柱頭の頂部側から先行して降伏し，埋込み部材軸に沿って降伏域が広がることを示唆している．これは，弾性限界点を許容耐力とする場合，埋込み部全長にわたって頭付きスタッドのせん断抵抗が有効になると仮定するのは過大評価になることに留意する必要があることを示している．

以上の考察に基づいて，頭付きスタッドの負担せん断力分布を二次曲線と仮定し，弾性解析による計算手法が提案されている．

その他の接合部として，澤木ら[付2.14)]，毎田ら[付2.15)]による摩擦ダンパー付きブレースや座屈拘束ブレースを組み込んだ RC 骨組に関する研究があり，ブレースを接合するためのガセットプレートが取り付いた鋼板を RC 部材に埋め込み，頭付きスタッドによって結合する接合部ディテールが検討されている．

付 2.4　孔あき鋼板ジベル

建築分野において，孔あき鋼板ジベルが適用された鋼コンクリート接合部に関する研究例は数例ある．並列接合部では，高張力鋼を用いた乾式組立梁材（曲げ加工した 2 つの山形鋼で鋼板を挟み，高力ボルトによって摩擦結合された H 形断面の梁材）と床スラブの結合に孔あき鋼板ジベルが用いられた合成梁[付2.16)]や，S 骨組にプレキャスト鉄筋コンクリート壁板を組み込む工法として，接合部に孔あき鋼板ジベルが採用された研究[付2.17), 付2.18)]がある．一方，直列または直交接合部では，非埋込み形式の複合梁の切替え部[付2.19)]，あるいは RC 柱と S 梁で構成される梁貫通形式内部接合部[付2.20)]に孔あき鋼板ジベルが適用された研究がみられる．本指針で規定される孔あき鋼板ジベルの設計法において，S 部材に取り付けられた孔あき鋼板ジベルによって結合される RC 部材の幅は，ある程度大きな寸法が要求される．

以下には，ジベル鋼板の周囲を十分に拘束することによって，本指針の孔あき鋼板ジベルの RC 部材に関する構造細則を満足しないような接合部に関する研究例も示している．加えて，機械的ずれ止めを対象とする本指針の適用範囲外であるが，孔あき鋼板ジベルをアンカーとして用いた接合方法の開発に関する研究例についても示す．

（1） 並列接合部

【合成梁】[付2.16)]

田中らは，H-SA700A 材を用いた乾式組立梁材と床スラブの結合の簡潔化を図り，かつ解体時のリユース・リサイクルによる環境負荷軽減を目指した合成梁のディテールを提案している．

付図 2.4.1 に提案された合成梁のディテール（試験体の概要）を示す．提案された合成梁は，組立梁材に使用するウェブプレートをスラブ位置まで延長し，その延長部に孔あき鋼板ジベルを設けてスラブコンクリートと結合されることから，溶接を必要としない．提案された合成梁の力学性状を明らかにするために，実験変数を孔あき鋼板ジベルの有無およびジベル孔の間隔等とする 5 体の試験体が計画され，試験体を単純支持（スパン　4000 mm）し，スパン中央の区間（1000 mm）の床スラブが圧縮側となる等曲げが生じるように載荷されている．

付図 2.4.2 に代表的な試験体の荷重－たわみ関係を示す．縦軸は荷重，横軸は部材中央部のたわみである．なお，合成率とは，完全合成梁に必要な孔あき鋼板ジベルのジベル孔数に対する試験体に設けられた孔の数の比率である．部材変形角 $R=1/200$ rad. までの挙動に着目すると，実験変数による初期剛性に相違は見られないが，$R=1/200$ rad. に達した直後，合成率 0（孔あき鋼板ジベルなし）の試験体は鋼とコンクリート間のずれおよび山形鋼とウェブプレート間のすべりに伴う急激な耐力および剛性低下が生じたのに対して，孔あき鋼板ジベルが配置された試験体では，鋼とコンクリート間の顕著なずれは確認されず，耐力および剛性低下も見られない．その後，$R=1/100$ rad. 付近で孔あき鋼板ジベルがコンクリートの二面せん断破壊に至り，剛性は低下するものの，耐

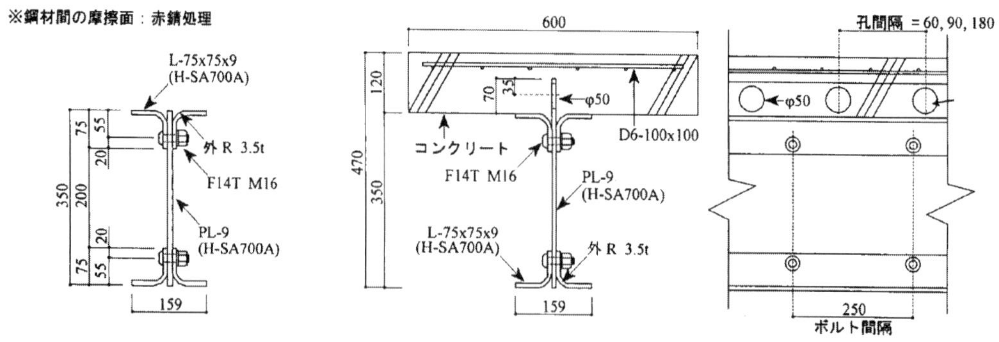

（a）純鉄骨梁 SB　　（b）合成梁 CB

付図 2.4.1　合成梁のディテール（試験体概要）[付2.16)]

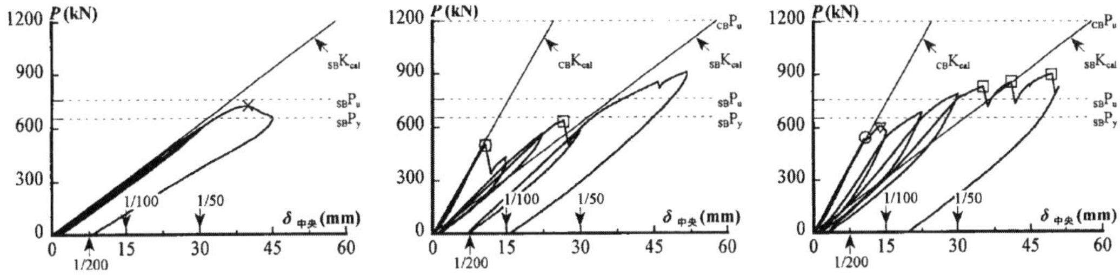

(a) SB スラブなし　(b) CB0 合成率 0 %　(c) CB60 合成率 63 %

凡例

$_{SB}P_y$ ：鉄骨梁の降伏耐力　（計算値）
$_{SB}P_u$ ：鉄骨梁の全塑性耐力（計算値）
$_{CB}P_u$ ：合成梁の全塑性耐力（計算値）
$_{SB}K_{cal}$ ：鉄骨梁の弾性剛性　（計算値）
$_{CB}K_{cal}$ ：合成梁の弾性剛性　（計算値）

× ：横座屈
○ ：鋼・コンクリート間の付着破壊
▽ ：孔あき鋼板ジベルの破壊
□ ：鋼材間のすべり

付図 2.4.2　荷重－たわみ関係[付2.16)]

力低下の見られない安定した荷重－変形関係を示している．これは，孔あき鋼板ジベルがコンクリートの二面せん断破壊に至った後も，せん断破壊面とコンクリート骨材のかみ合わせ，および鋼コンクリート間の摩擦力が働くためと考えられる．さらに，孔あき鋼板ジベルは，コンクリートの二面せん断破壊に加え，一部のジベル孔内のコンクリートがジベル鋼板との支圧によって破壊に至る2種類の破壊モードが混在することが明らかにされている．

以上により，合成梁の接合部に用いた孔あき鋼板ジベルは，十分な合成効果を発揮するとともに，実験終了時まで山形鋼は弾性限内にあり，高力ボルトも容易に取り外すことが可能であったことが確認されている．

また，田中らは，付図 2.4.3 に示すように，鉄骨フランジ－ウェブ間にコンクリートを充填し，ウェブに孔あき鋼板ジベルを設けて充填コンクリートを結合した鉄骨コンクリート梁の弾塑性挙動に関する検討も行っている[付2.21)]．

【S 骨組－プレキャスト RC 壁板】[付2.17)，付2.18)]

西村ら[付2.17)，付2.18)]は，S 骨組に RC 壁板を組み込む工法として，従来の頭付きスタッドによる工法に比べて，施工性を向上させる新しい工法を提案している．付図 2.4.4 に提案する工法の概要を示す．S 骨組に RC 耐震壁を組み込む場合，従来の施工方法では，S 骨組に頭付きスタッドなどのシアキーを数多く溶接して壁筋を配置し，その後に壁板のコンクリートを打設するなど非常に煩雑である．したがって，同図(a)に示すように，施工性を向上させるためにプレキャスト RC 壁板を

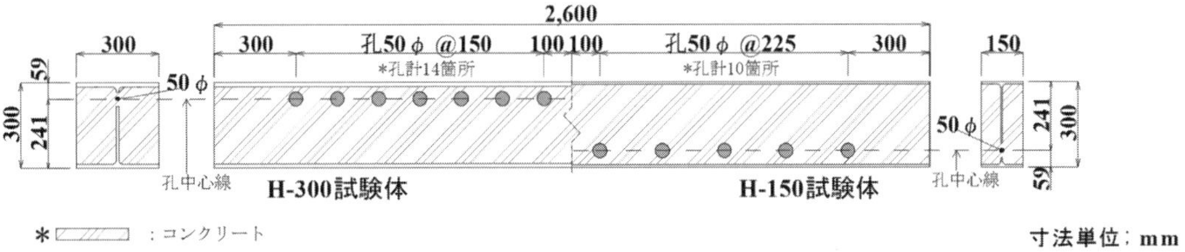

付図 2.4.3　孔あき鋼板ジベルを用いた SC 梁の概要[付2.21)]

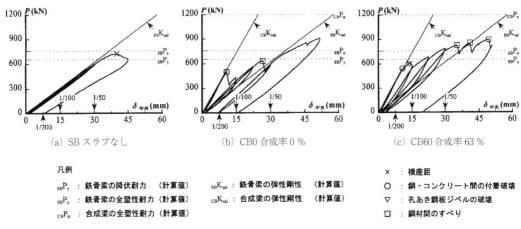

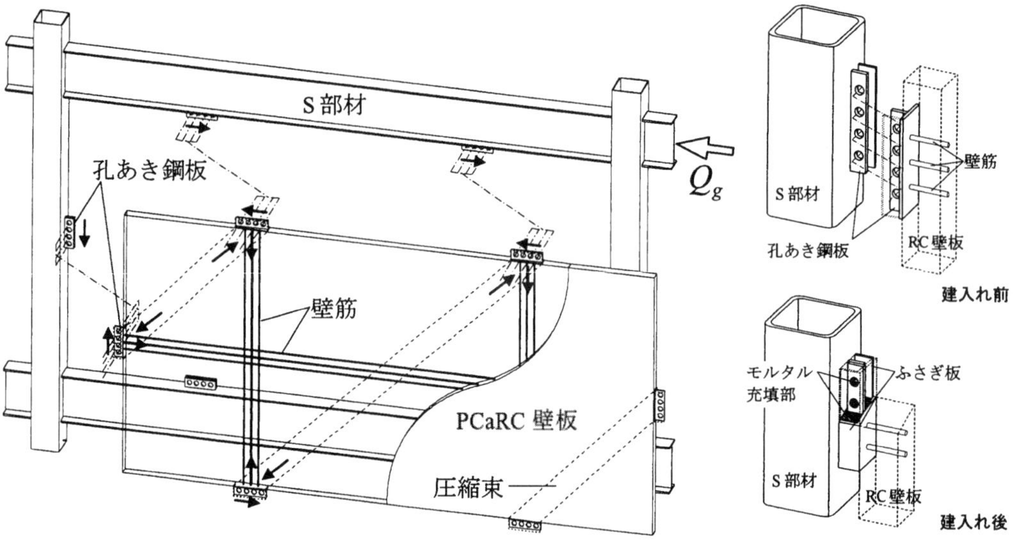

(a) 提案された工法の概要　　(b) 接合部の概要

付図 2.4.4　提案された工法の概要[付2.17)]

S骨組に建て入れる工法が提案され，せん断力を伝達するS骨組とプレキャストRC壁板の接合部として孔あき鋼板ジベルが採用されている．接合部は，同図(b)に示すように，S骨組と壁板の両部材にそれぞれ取り付けられた孔あき鋼板ジベルとふさぎ板を重ね合わせ，ジベル孔にモルタルを充填することによってS部材とRC部材を結合するもので，接合部で若干の施工誤差の吸収も可能なディテールである．なお，孔あき鋼板ジベルを両側に延長することによって仮ボルトを設置することが可能で，それによって，壁板を所定の位置に取り付け，建入れ後の接合部にモルタルを充填することができる．また，ふさぎ板は，モルタルの充填の際の型枠やジベル孔内に貫通鉄筋を設ける際の取付け用金物としての役割に加えて，モルタルの拘束効果も期待できる．ただし，この接合部ディテールでは，ジベル孔内のモルタルは一面せん断として抵抗することに留意する必要がある．

接合部ディテールのせん断性能を検討するために，要素試験体を用いた単調載荷実験が行われている[付2.17)]．付図 2.4.5 に接合部ディテール（試験体）の概要を示す．また，付表 2.4.1 に実験変数を示す．実験変数の組合せによって計 37 体の試験体が計画されている．

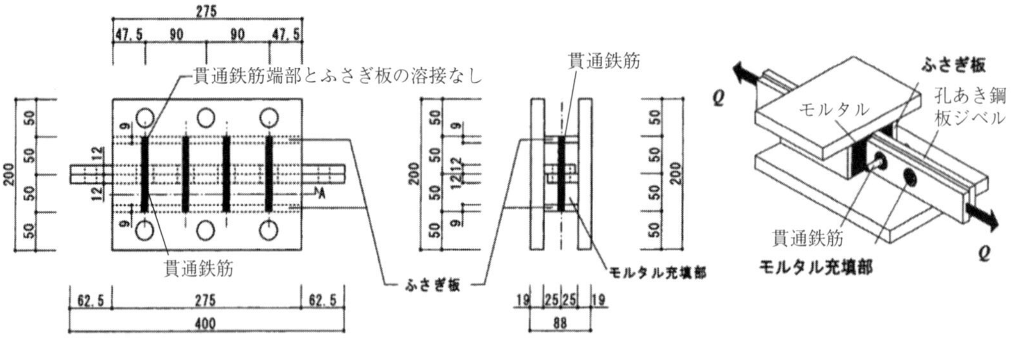

付図 2.4.5　提案された接合部ディテール（SHR25f-9f 試験体）の概要[付2.17)]

付表 2.4.1　実験変数[付2.17)]

モルタル	呼び強度	40，60，80 N/mm^2
	種類	粉末樹脂未混入（呼び強度 40，60，80），粉末樹脂混入（呼び強度 40）
ジベル孔	孔径	16，20，25，50 mm
	孔数・配置	4 個，4 つの孔に対して両外側（あるいは両内側の）2 個
貫通鉄筋	種類	なし，6ϕ，9ϕ，13ϕ，16ϕ，D6，D10，D13
	端部処理	ふさぎ板を貫通，ふさぎ板の外側で点付け溶接（あるいは完全溶込み溶接）
ふさぎ板	板厚	6，9，12 mm

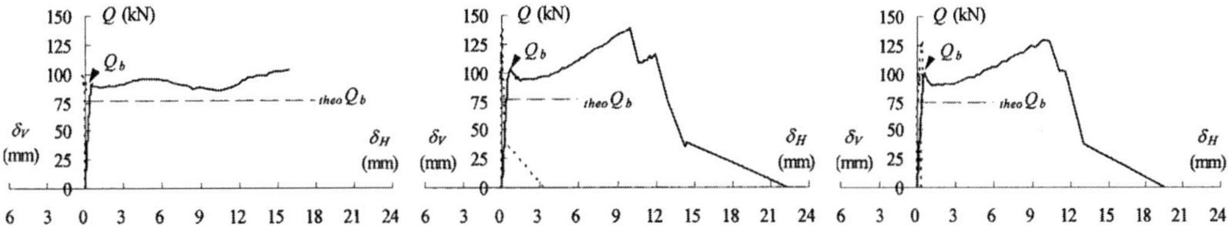

（a）9ϕ，端部処理なし　（b）9ϕ，端部完全溶込み溶接　（c）D10，端部ふさぎ板貫通

付図 2.4.6　提案された接合部ディテール（SHR25f-9f 試験体）の概要[付2.17)]

付図 2.4.6 は，モルタルの呼び強度 40 N/mm^2，孔径 25 mm，孔数 4 個およびふさぎ板の板厚 9 mm の試験体シリーズを代表して，その荷重－変形関係を示す．縦軸は作用せん断力，横軸は接合部の相対水平変位である．なお，図中の破線は，実験結果より構築された接合部の抵抗機構に基づいて，モール・クーロンの破壊基準によるモルタルのせん断耐力と貫通鉄筋のせん断耐力の単純累加によって算定された接合部のせん断耐力 $_{theo}Q_b$ の計算結果である．

実験の結果，得られた主な知見は以下のとおりである．

1）　丸鋼かつ端部がふさぎ板に溶接されていない（ふさぎ板を貫通している）貫通鉄筋を有する試験体は，モルタルが直接せん断破壊し，丸鋼は曲げ変形が卓越する．

2）　異形鉄筋およびふさぎ板に端部が溶接された貫通鉄筋を有する試験体は，モルタルおよび貫通鉄筋が直接せん断抵抗して破壊に至る．

3）　粉末樹脂が混入されたモルタルを有する試験体の変形能の向上は見られない．

4）　ふさぎ板の板厚がモルタルの拘束効果に及ぼす影響は見られない．

以上より，貫通鉄筋を配置する場合，貫通鉄筋による付着効果および貫通鉄筋端部のふさぎ板への溶接等による固定度によって，付図 2.4.6 に示すモルタルが一面せん断破壊したと考えられる荷重 Q_b，および Q_b に達した後の荷重－変形関係に相違が生じ，固定度が大きくなるにつれて荷重 Q_b は若干増大し，Q_b に達した後の変形能は低下するが，貫通鉄筋の破断による最大荷重は増大することが示されている．

（２）　直列接合部

【複合梁（切替え部）】付2.19)

西村ら付2.19)は，梁端部をRC造，中央部をS造とする複合梁において，S部とRC部を孔あき鋼板ジベルによって結合するディテールを提案し，その基本的な力学性状を実験的に検討している．付図2.4.7に試験体概要を示す．実験変数はジベル孔数（3，5および7個）であり，孔数が3つの試験体に貫通鉄筋が配置された試験体を加えた計4体が実施されている．接合部ディテールは，孔あき鋼板ジベルがS部エンドプレートに設置され，RC部の材軸方向に埋め込まれる非埋込み型切替え部である．実験は，試験体を単純支持し，切替え部に等曲げが作用する2点単調載荷が行われ

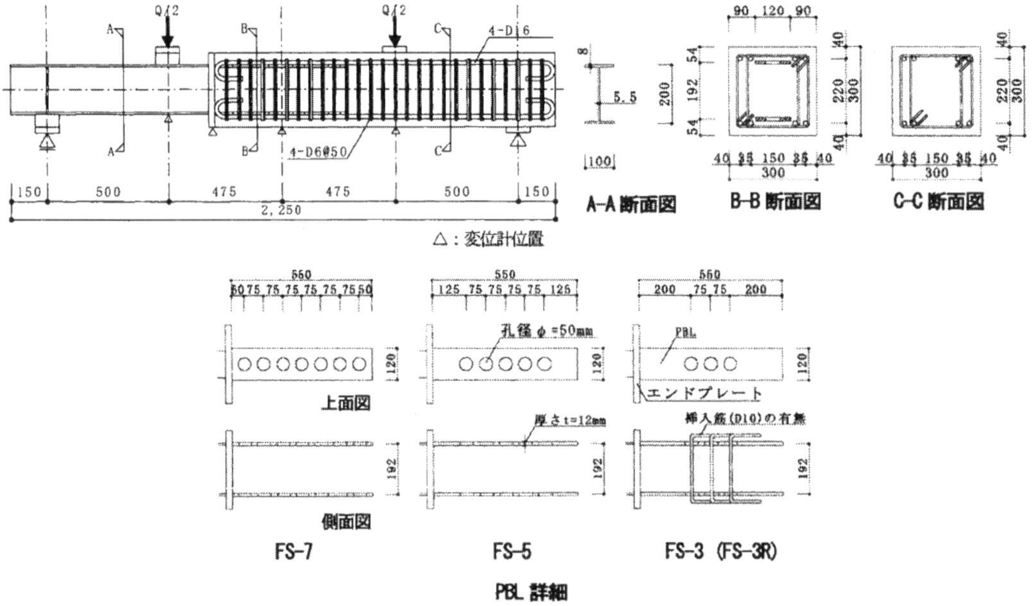

付図2.4.7　試験体概要付2.19)

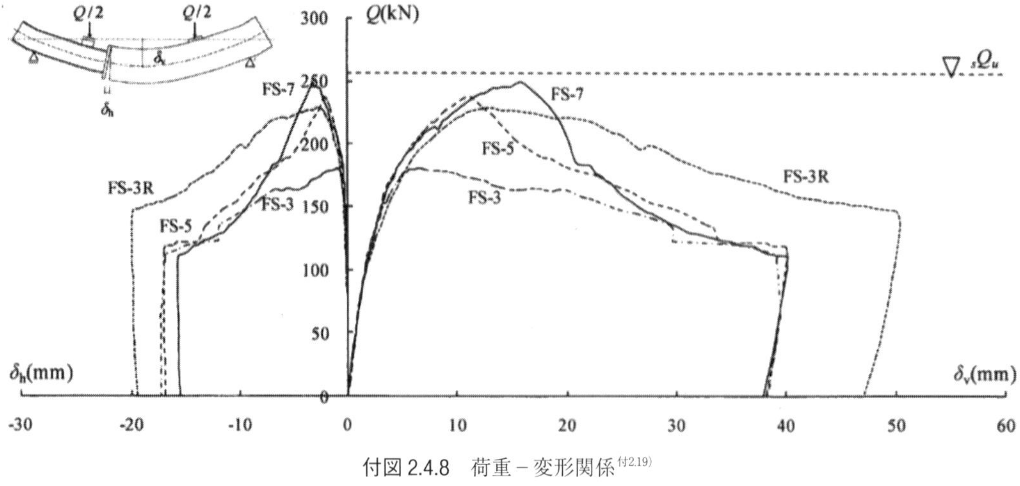

付図2.4.8　荷重－変形関係付2.19)

ている．付図 2.4.8 に荷重－変形関係を示す．縦軸は，負荷された鉛直荷重である．横軸は，第一象限に切替え部中央に取り付けられた変位計から得られたたわみ，第二象限にエンドプレートとRC 部との離間量を示す．曲げひび割れ発生後の剛性，最大荷重，最大荷重発揮時のたわみおよびエンドプレートと鉄筋コンクリート部との離間量，および最大荷重発揮後の耐力低下の勾配は，ジベル孔数が多いほど大きくなっている．図中の破線はＳ部の終局曲げ耐力から算出された荷重であり，ジベル孔数が７つの試験体は，ほぼＳ部の曲げ耐力を発揮している．貫通鉄筋の有無（FS-3 および FS-3R 試験体）に着目すると，貫通鉄筋を配置することにより，最大耐力は 1.3 倍程度増大していることがわかる．なお，引張側の孔あき鋼板ジベルに生じた引張力は，エンドプレート側から埋込み側の端部に近づくにつれて小さくなっている．一方，切替え部では曲げモーメントが一定であるので，その減少した引張力を補うため，エンドプレートから遠ざかるにつれて梁下端筋（引張主筋）のひずみが増大することが示されている．

このように，孔あき鋼板ジベルをアンカーとして用いた場合，ジベル鋼板には圧縮および引張力が作用する．特に，ジベル鋼板に引張力が作用する場合，付図 2.4.9 に示すように，RC 部材の端面（上面）から第一ジベル孔までの距離が小さいと，ジベル孔部のジベル鋼板内面に作用するコンクリートからの支圧力によって，コンクリートがコーン状の破壊に至ることが明らかにされている．文献付 2.22）では，付図 2.4.9 に基づいたコンクリートのコーン状破壊耐力 ${}_{ps}Q_{cf}$ として（付 2.3）式が提案されている．

$${}_{ps}Q_{cf}=0.6\sqrt{{}_{c}\sigma_B}\cdot A_{cf} \qquad \text{（付 2.3a）}$$

$$A_{cf}=2{}_{ps}d\cdot{}_{ps}h_1\cdot\tan\theta+\frac{\pi({}_{ps}h_1\cdot\tan\theta)^2}{2} \qquad \text{（付 2.3b）}$$

ここに，${}_{c}\sigma_B$：コンクリートの圧縮強度（N/mm^2），A_{cf}：コンクリートの有効水平投影面積，${}_{ps}d$：ジベル孔径，${}_{ps}h_1$：RC 部材端面（端面）から第一ジベル孔の中心までの距離，θ：コンクリートのコーン状破壊面の起点をジベル孔の中心とした場合のジベル鋼板の材軸と破壊面の成す角度で，$\theta=53°$ とする．したがって，ジベル鋼板に引張力が作用する場合，当該ジベル孔の ${}_{ps}Q_{cf}$ が孔あき鋼板ジベルの終局せん断耐力を上回る距離 ${}_{ps}h_1$ を確保する必要があると考えられる．

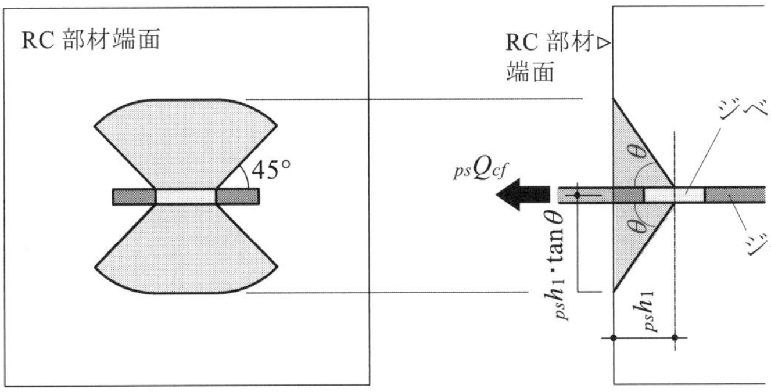

付図 2.4.9　コンクリートのコーン状破壊領域[付2.22)]

（3）　直交接合部

【十字形接合部】[付2.20)]

西村ら[付2.20)]は，柱 RC・梁 S 造とする梁貫通形式柱梁接合部において，S 梁の回転によって S フランジ上下面のコンクリートが圧壊し，正負繰返し載荷に伴って接合部の復元力特性が逆 S 字形になる支圧破壊性状の改善を意図して，孔あき鋼板ジベルを適用した接合部ディテールを提案している．

付図 2.4.10 に提案された接合部ディテールを示す．同図(a)に示す水平型は，孔あき鋼板ジベルを S フランジに沿って取り付けることによって，頭付きスタッド等と同様に S 梁と RC 柱のずれを抑制することを意図したものである．一方，同図(b)に示す垂直型は，孔あき鋼板ジベルを S フランジに対して垂直に取り付けることによって，鉛直補強筋と同じようにジベル鋼板に圧縮力あるいは引張力を作用させ，S フランジ上下面に作用する支圧力を軽減させる接合方法である．

試験体は，実大の 1/3 程度を想定した十字形部分骨組であり，孔あき鋼板ジベルによる補強なし，水平型，S フランジ上下面近傍に集中的に配筋される横補強筋（以下，集中補強筋という）および垂直型孔あき鋼板ジベルによる補強に加え，水平型＋垂直型と集中補強筋による補強を有する計 5 体が実施されている．柱梁接合部の破壊モードは支圧破壊によって決定され，かつジベル孔径やジベル鋼板の板厚は，文献付 2.23) に示される Leonhardt らの提案式に基づいて，ジベル孔に

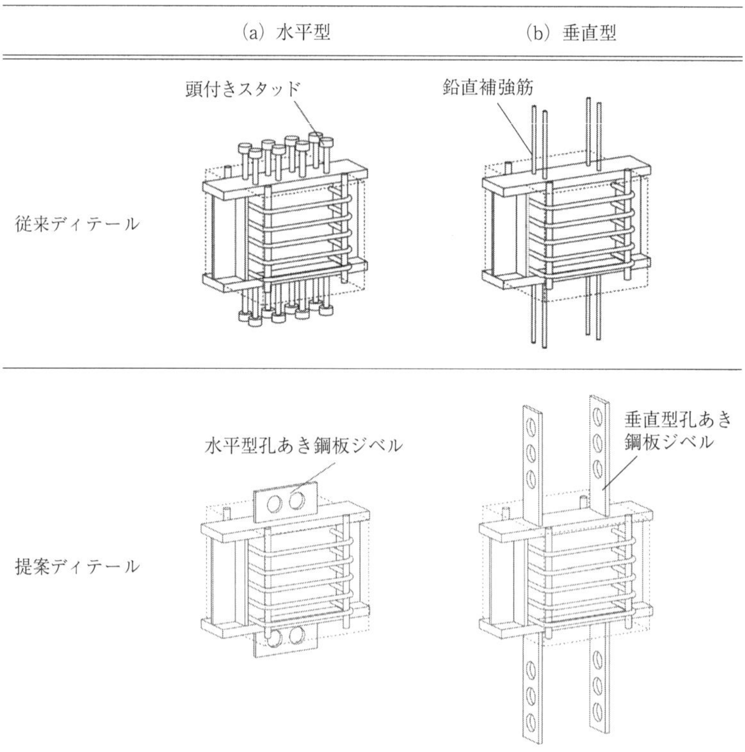

付図 2.4.10　提案ディテール[付2.20)]

充填されたコンクリートの二面せん断破壊が先行するように設計されている．実験は，両端がピン支持されたRC柱に軸力比1/6の一定軸力を負荷し，S梁両端に正負漸増繰返し載荷を行うものである．

付図2.4.11は，実験終了時におけるSフランジ上下面のコンクリートの支圧破壊状況を示したものである．孔あき鋼板ジベルの補強がなされていないN試験体は，Sフランジに接するコンクリ

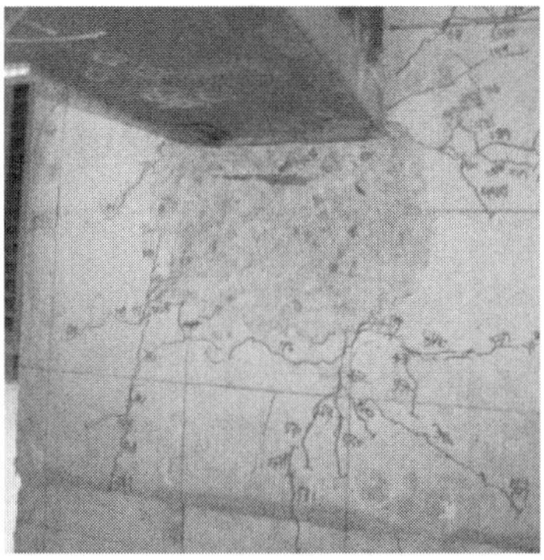

(a) N 試験体

(b) SB 試験体

付図 2.4.11　支圧破壊状況（実験終了時）[付2.20]

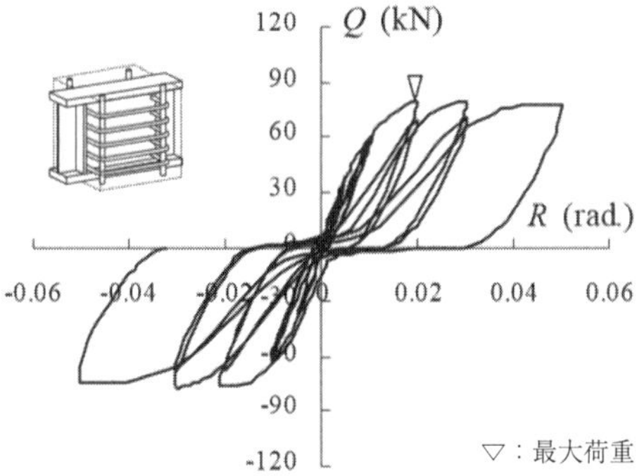

(a) N 試験体

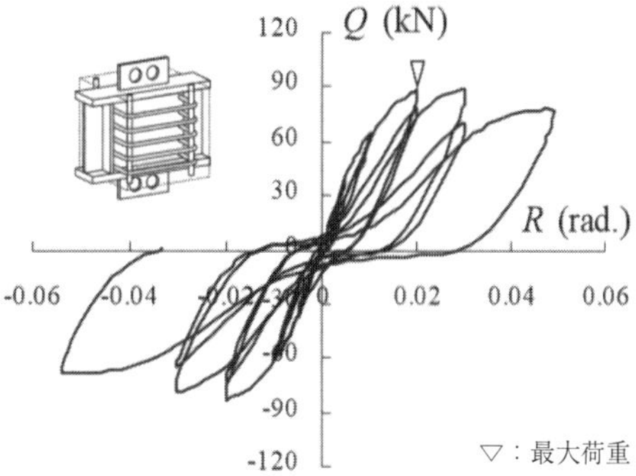

(b) S2 試験体

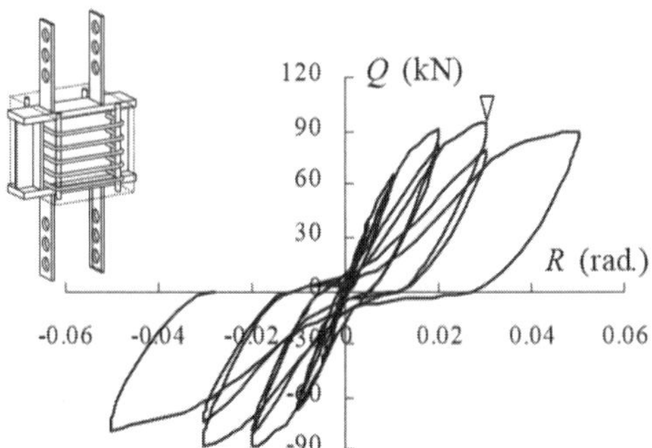

(c) B1 試験体

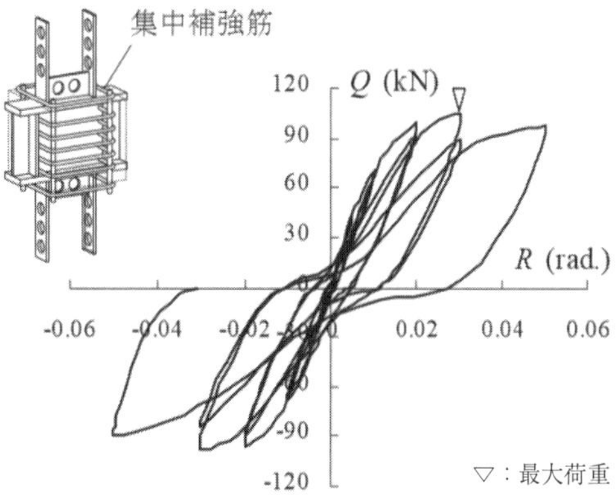

(d) SB 試験体

付図 2.4.12　履歴曲線[付2.20]

ートの圧壊に伴うかぶりコンクリートの剥落が認められるが，水平型＋垂直型孔あき鋼板ジベルの補強を有するSB試験体では，剥落を伴うようなコンクリートの圧壊は見られない．

付図2.4.12に履歴曲線を示す．縦軸は梁両端に負荷された荷重の平均値，横軸は左右梁の部材変形角の平均値である．N試験体に対して，水平型孔あき鋼板ジベル（S1，S2試験体），垂直型孔あき鋼板ジベル（B1試験体），水平型＋垂直型孔あき鋼板ジベル（SB試験体）の順に最大耐力が増大し，すべり性状も改善されることが示されている．また，S1，S2試験体は，部材変形角R＝0.02 rad.で最大荷重を発揮した後，若干の耐力低下が見られる．しかしながら，B1試験体はR＝0.02 rad.で剛性は大きく低下するものの荷重は微増し，R＝0.03 rad.で最大荷重を発揮しており，水平型よりも垂直型孔あき鋼板ジベルの方が，より耐力および変形能の改善に有効であることがわかる．

垂直型孔あき鋼板ジベルを有する接合部ディテールの場合，Sフランジ幅内の領域（内部パネル）の支圧耐力に，文献付2.22）の提案式によって算定される引張側の孔あき鋼板ジベルの二面せん断耐力を付加することができることが示されている．

文献付2.22）の提案式は，孔あき鋼板ジベルをアンカーとして用いた場合の終局せん断耐力を評価するものである．この場合，ジベル孔内のコンクリートの二面せん断強度は，上述のLeonhardtらによって提案されている強度である$1.08{}_c\sigma_B$を用いると過大評価を与え，$0.8{}_c\sigma_B$程度であることが明らかにされている．これは，孔あき鋼板ジベルをアンカーとして用いる場合，圧縮および引張側のジベル鋼板がRC部材の断面に対して偏心配置されることが要因の一つと考えられるが，文献付2.22）のように研究例は見られるものの，偏心配置される孔あき鋼板ジベルの終局せん断耐力に及ぼす各種因子の影響等については，現段階で明らかにされておらず，今後の研究成果が期待される．

【参 考 文 献】

付2.1）　日本建築学会：鋼コンクリート構造接合部の応力伝達と抵抗機構，2011

付2.2）　河野進，柏井康彦，市岡有香子，太田義弘，渡邉史夫：波形鋼板ウェブ耐震壁を有するRC架構の耐震性能と鋼板の定着，構造工学論文集，Vol.53B，pp.115-120，2007.3

付2.3）　日本建築学会：各種合成構造設計指針・同解説，2010

付2.4）　日本建築防災協会：既存鉄筋コンクリート造建築物の耐震改修設計指針・同解説，2017

付2.5）　森下泰成，野澤裕和，奥出久人，福原武史，石川裕次，宇佐美徹：増設したRC梁にS柱を外付けする耐震補強工法の接合部性能に関する研究，日本建築学会大会学術講演梗概集，構造Ⅲ，pp.1329-1330，2014.9

付2.6）　池田和憲，宮内靖昌，福原武史，森下泰正：増設したRC梁にS柱を外付けする耐 震補強工法の柱梁接合部の応力伝達性能，コンクリート工学会年次論文集，Vol.39，No.2，pp.883-888，2017.7

付2.7）　日本建築防災協会：外側耐震改修マニュアル，p.71，2003

付2.8）　日本建築学会：鋼構造接合部設計指針，2021

付2.9）　松浦恒久，稲井栄一，藤本利昭：RC造建築物に用いる簡易型接合形式による間柱型履歴ダンパーの構造性能に関する研究，日本建築学会構造系論文集，Vol.74，No.644，pp.1821-1829，2009.10

付2.10）島崎和司，戸澤正美，宮崎裕一，濱智貴：粘弾性壁型制震ダンパーのRC根巻き型構造取り付け部の検討　スタッド接合形式の耐力の検討，日本建築学会構造系論文集，Vol.78，No.691，pp.1641-1648，2013.9

付 2.11）島崎和司，戸澤正美，宮崎裕一，濱智貴：RC 根巻型構造のスタッドの耐力と剛性の検討　粘弾性壁型制震ダンパーの RC 根巻き型構造取り付け部の検討　その 2，日本建築学会構造系論文集，Vol.79，No.701，pp.1047-1054，2014.7
付 2.12）宇佐美徹，毛井崇博，青木雅路，平井芳雄，伊藤栄俊：鉄骨柱から場所打ちコンクリート杭頭部への軸力伝達に関する実験的研究，日本建築学会構造系論文集，No.547，pp.105-112，2001.9
付 2.13）杉本訓祥，津田和明，和田安弘，後閑章吉：鉄骨柱から鉄筋コンクリート杭への軸力伝達機構，日本建築学会構造系論文集，Vol.73，No.630，pp.1393-1399，2008.8
付 2.14）澤木講治郎，毎田悠承，笠井和彦，坂田弘安：摩擦ダンパー付きブレースを組み込んだ RC フレームの繰り返し載荷実験　その 1～3，日本建築学会大会学術講演梗概集，構造Ⅱ，pp.867-872，2013.8
付 2.15）毎田悠承，吉敷祥一，曲哲，前川利雄，濱田真，坂田弘安：座屈拘束ブレース接合部を有する損傷位置保証型 RC 梁の力学挙動，日本建築学会構造系論文集，Vol.82，No.737，pp.1091-1101，2017.7
付 2.16）田中照久，堺純一，梅崎正吉：H-SA700A を用いた合成梁の曲げ性状に関する実験的研究　孔あき鋼板ジベルのずれ止め効果，構造工学論文集，Vol.57B，pp.517-526，2011.3
付 2.17）佐藤悠史，西村泰志：S 部材と RC 壁を孔あき鋼板ジベルを用いて結合された接合部のせん断破壊性状，構造工学論文集，Vol.55B，pp.307-315，2009.3
付 2.18）西村泰志，佐藤悠史，白山泰敬：鉄骨骨組に内蔵された PCa 壁版の破壊性状，構造工学論文集，Vol.57B，pp.483-490，2011.3
付 2.19）山下真一，土居保子，西村泰志：S 部材と RC 部材を孔あき鋼板ジベルで結合した切替え部の破壊性状，日本建築学会近畿支部研究報告集，Vol.48，構造系，pp.277-280，2008.6
付 2.20）西村泰志，吉田幹人，齊藤啓一，青山尚樹：孔あき鋼板ジベルによる柱 RC・梁 S とする柱梁接合部の支圧破壊性状の改善，日本建築学会構造系論文集，Vol.75，No.655，pp.1727-1735，2010.9
付 2.21）田中照久，堺純一：鉄骨コンクリート梁材の弾塑性変形性状に関する実験的研究，コンクリート工学会年次論文集，Vol.30，No.3，pp.1363-1368，2008.7
付 2.22）味岡史晃，斎藤啓一，青山尚樹，西村泰志：孔あき鋼板ジベルの引張破壊性状（その 3），日本建築学会近畿支部研究報告集，構造系，Vol.51，pp.365-368，2011.6
付 2.23）文献調査委員会：鋼とコンクリートを一体化する孔あき鋼板ジベルの耐力評価式に関する最近の研究，コンクリート工学，Vol.42，No.3，pp.61-67，2004.3

鋼・コンクリート機械的ずれ止め構造設計指針

2022 年 2 月 25 日　第 1 版第 1 刷

編集著作人　一般社団法人 日本建築学会

印刷所　三美印刷株式会社

発行所　一般社団法人 日本建築学会

108-8414　東京都港区芝 5-26-20
電話・(03) 3456-2051
FAX・(03) 3456-2058
http://www.aij.or.jp

発売所　丸善出版株式会社

101-0051 東京都千代田区神田神保町 2-17
神田神保町ビル
電話・(03) 3512-3256

ISBN978-4-8189-0665-5 C3052